Poliform

44

76

IFDM
室内家具设计

年份 YEAR V
02
秋/冬 Fall | Winter

主编 EDITOR-IN-CHIEF
Paolo Bleve
bleve@ifdm.it

出版协调 PUBLISHING COORDINATOR
Matteo De Bartolomeis
matteo@ifdm.it

总编辑 MANAGING EDITOR
Veronica Orsi
orsi@ifdm.it

项目经理
PROJECT AND FEATURE MANAGER
Alessandra Bergamini
contract@ifdm.it

合作商 COLLABORATORS
Manuela Di Mari, Francisco Marea,
Antonella Mazzola

国际投稿
INTERNATIONAL CONTRIBUTORS

纽约 New York
Anna Casotti

洛杉矶 Los Angeles
Jessica Ritz

伦敦 London
Francesca Gugliotta

网页编辑 WEB EDITOR
redazione@ifdm.it

公关经理&市场经理
PR & MARKETING MANAGER
Marta Ballabio | marketing@ifdm.it

品牌公关 BRAND RELATIONS
Camilla Guffanti | camilla@ifdm.it
Annalisa Invernizzi | annalisa@ifdm.it

设计部 GRAPHIC DEPARTMENT
Sara Battistutta, Marco Parisi
grafica@ifdm.it

翻译 TRANSLATIONS
Cesanamedia - Shanghai
Stephen Piccolo - Milan

广告 ADVERTISING
Marble/ADV
Tel. +39 0362 551455 - info@ifdm.it

版权与出版商 OWNER AND PUBLISHER
Marble srl

总部 HEAD OFFICE & ADMINISTRATION
Via Milano, 39 - 20821 - Meda, Italy
Tel. +39 0362 551455 - www.ifdm.design

蒙扎法院授权 213号 2018.1.16

MADE IN ITALY

保持联系
Let's keep in touch!

ifdmdesign

122

148

精选内容 Monitor

设计灵感
Design inspirations

即将推出项目 Next

IFDM
室内家具设计

年份 YEAR V

02

秋/冬 Fall | Winter

图书在版编目（CIP）数据

IFDM室内家具设计：工程与酒店. 2020. 秋冬 / IFDM编；孙福广译. — 沈阳：辽宁科学技术出版社，2020.12
ISBN 978-7-5591-1915-5

Ⅰ.①I… Ⅱ.①I… ②孙… Ⅲ.①家具- 设计 Ⅳ.①TS664.01

中国版本图书馆CIP数据核字 (2020)第243489号

出版发行：辽宁科学技术出版社
（地址：沈阳市和平区十一纬路25 号
邮编：110003）
印 刷 者：北京联合互通彩色印刷
有限公司
经 销 者：各地新华书店
幅面尺寸：225mm×260mm
印 张：12
插 页：4
字 数：300 千字
出版时间：2020 年 12 月第1版
印刷时间：2020 年 12 月第1次印刷
责任编辑：杜丙旭 关木子
封面设计：关木子
版式设计：关木子
责任校对：韩欣桐
书 号：ISBN 978-7-5591-1915-5
定 价：RMB 160.00 元
联系电话：024-23280070
邮购热线：024-23284502
E-mail: designmedia@foxmail.com
http://www.lnkj.com.cn

HOME PHILOSOPHY

visionnaire

只为远见卓识的你们

西方世界的回应

过去5年间，4本Wonder（在中国地区的发行始于2018年）准确描述了地理概念上的东西方所代表的各种精神：欧洲、美国和中东的建筑实质上代表着"传统的建筑和室内设计方式"，而以中国为首的亚太地区的设计项目更杰出，也更富有创意，随处可见壮观的解决方案，即使在并非极其富有的地区，同样的情况也俯拾即是。

在相互感应、互为影响和灵感交互的活动中，东西方一直在借鉴彼此，进而激活（在某些情况下是重新激活）设计思维，取长补短，精益求精。

不同的文化和不同的历史创造出不同的项目。

我们的出发点是恢复欧洲和英语世界的正当价值，强调概念设计并非单纯在中国发生。Palazzo Daniele酒店、UGC Vélizy和Mohr Life Resort度假村代表了设计的精髓，它们更多呈现出精神层面而不单纯是实体概念的作品；瑞士的斯沃琪新总部不仅为员工所钟爱，也是游客的打卡胜地。

WATG建筑师事务所的年轻设计师们并未被加利福尼亚州豪华度假胜地习以为常的设计惯例"腐蚀"，他们创造出一种更像博物馆而不是酒店的理念。

收录的设计作品讲述了将东西方距离拉近的故事和哲理。这不仅是出于对他人的礼貌和尊重，而且传达出渴望彼此理解、摆脱陈词滥调并朝着新方向前进的动力。

阅读愉快！

PAOLO BLEVE
主编 Editor-in-Chief

中国建筑与室内设计2020

2014年"设计上海"首次推出时，中国本土设计的创意元素被制造业主导。而因为制造业的质量问题，所以设计在一定程度上还谈不上出色。当时，虽然中产阶级的消费和购买力惊人，但审美判断能力却远远不够。因此，我们第一次活动的主题是"不仅是中国制造，而是中国设计"。从那时起，我们很快发现，"新生"的设计行业深受西方风格、美学和态度的影响。设计在这块土地上仍然是一种"模仿"文化。但在很短的时间内，中国本土设计迅速成长，成熟度已经达到西方设计四代人才达到的高度。在这一过程中，最重要的主题是对中国古代工艺和审美传统的发现和再发现。我们都知道，中国的视觉文化4000年来远比世界其他国家先进，因此，把中国设计称为"新生"实在是巨大的错误。然而，对于设计界而言，要理解和接受这些传统，就需要相当多的自我认识，需要更深入的研究和更勇敢的实验。当代中国设计融入数字技术的能力可能比世界上任何其他地方都更出色。另外一个令人鼓舞和振奋人心的趋势是建筑和设计界对可持续性的承诺，这不仅体现在材料和工艺上，而且体现在社会可持续性上。这是对整个社会的关注和尊重，也是设计为社会服务的责任。中国设计不再生活在真空中，这是值得庆祝的一件事。

AIDAN WALKER
"设计上海"和"设计中国"
北京论坛项目总监

文化"复兴"

我认为，由于新冠疫情对经济和社会产生巨大影响，人们对可持续性和生活质量更加觉醒而且谨慎，所以尽管中国的建筑结构复杂，冲突不断，但它正朝着文化"复兴"的方向前进，其中，建筑和设计发挥着决定性的作用。在中国，意大利制造最初是时尚品牌和豪华汽车的代名词，但现在这一概念已经蔓延到食品和设计领域，渗透到日常生活中，这一点在最年轻、最活跃、最有进取心的年轻群体中表现得尤为显著，也是他们希望成为全球生活方式的一部分的象征。我也越发注意到，通过与中国设计公司Si Mai Pu开展各种设计业务，我们发现意大利的生活文化（其中设计是非常基础的一部分）在将中国古代传统带入当代的变革过程中，被越来越多的人视为榜样。

我们在意大利米兰和中国上海两地的工作室不断交流想法、研究项目并探讨建设性解决方案，这些方案随后在中国诸多地方得以实施，开发出具有高度可持续性的宜居城市，以良好的人居环境为目标的多功能综合体和摩天大楼。景观、建筑、室内设计和艺术的融合，引人入胜。我希望，尽管世界范围内的发展形势错综复杂，但中国将继续朝着平衡、有意识增长的新愿景方向前进，并朝着与其他文化交流日益开放的方向发展。

MARCO PIVA
设计师 Architect

中国设计近10年动向

近10年的中国设计在深度模仿欧美最流行的室内设计的基础上出现了3个值得全世界设计界关注的动向。第一，出现了基于中国传统审美更抽象和当代的表达，摈弃了以前那种拼贴符号的做法，更专注在节制的色调中以材料和光线表达中国性。第二，是摆脱地域性叙事，完全以自己的喜好和经历甚至梦境，大胆地在不同的物理空间里呈现不同的超现实主义场景，从而激发观众积极的互动。第三，是设计不能仅仅激发欲望或者安抚焦虑。设计师希望设计能够带来一些微微的刺痛，从而在历史和当代的场所中对自身所处的状态——比如身份、身体、时间等有着更深刻的思考。

YU TING
Wutopia Lab 主持建筑师

飘浮在空中的航空太阳能雕塑装置，零碳排放，仿佛在猜测如果我们能够在大气中漂流，到底会出现什么样的流动性社会政治结构，同时思考着人类建立边界的方式，决定可以过境的国家机构力量，以及

影响弱势群体、人类和非人类生命形式的政策。

预制的无网格豪华客房内拥有风景如画的热水浴缸、高架露台、紧凑的小厨房、带迷你酒吧的舒适卧室、带一张沙发床和壁炉的居住空间。

色彩与人类的关系

影响2021年色彩趋势的是神经美学和协作智能。我们继续探讨朱迪斯·范弗利特（Judith van Vliet）的色彩故事。

在某种程度上，全球卫生紧急状况的出现改变了很多局面，但Color Forward™对2021年的预测基本上没有变化，只是或许比以前更加及时、更加中肯。每年，ColorWorks™设计与技术中心的来自全球的专家们都会分析未来一年的社会和色彩趋势。社会领域的创新和变化会影响消费者对颜色的反应，通过对这些反应进行深入研究和仔细辨别，就可以对色彩做出准确的预测。现在的新趋势缩减为4个。这4个宏观主题和每层5个，总计20个精确的色彩调色板之间的关联，通过非常实证的过程，为ColorForward™（或者说"颜色预测指南"）提供了基础。所谓指南，是指用"色彩"来叙述，而每一种色彩都提供一种不同的趋势。虽然在巴西圣保罗、美国芝加哥、意大利梅拉泰和新加坡的设计中心工作的ColorWorks™专家们针对2021年进行预测时最初只是专注于人的中心角色、关系和用温暖、强烈的调性表示的情感，同时将这4个趋势联系起来，但在2020年发生的事件却确实验证了他们的直觉。ColorForward™预测2021年的两种趋势仍将是"愚笨的麻木（Dumb Numb）"和"看见真相（C-True）"，在春/夏的本专栏中叙述过类似案例，即人们对屏幕和数字设备的广泛依赖使人际关系成为一种特权行为。另外，调研人员专门调查了社会对信息和品牌的不信任程度，结论是人们对真实性和透明度的要求越来越高。从色彩学的角度看，第一种趋势常用明亮的粉红色、不显眼的金色、橙色、精致的粉末色调和灰色表示；第二种趋势则常用深蓝色、漂白橙、假金黄色、石灰绿和深邃的蓝色表示。紧接着的是两个结论性的趋势，分别为感召力（Sense Appeal）和乌班图（Ubuntu），其中神经美学和协作智能的主题再次强调了人类和他们周围的世界的关系。而在今天，这个主题比以往任何时候都更重要。我们的指导大腕朱迪斯·范弗利特是ColorWorks™在欧洲、中东和非洲地区的资深设计师和团队负责人。

作者 *Author: Veronica Orsi*

GIANFRANCO
FERRE
HOME

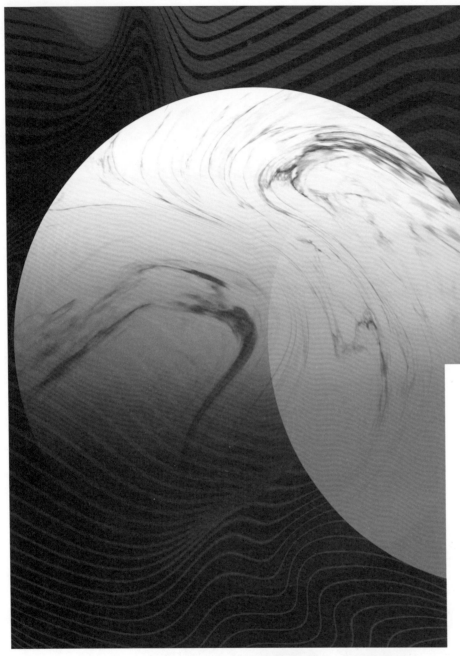

审美
Aesthetics

情商

淋漓艺术

Mona-Lise Me

情感增强设计

圆备

第三期 THIRD STORY. 感召力

人类的行为都与情感有关。大公司正试图通过技术来量化和分析情感因素，这样才能与消费者建立更多的联系。神经美学领域的研究人员正试图识别我们大脑中对审美输入（色彩、设计、视觉艺术、建筑、音乐等）做出反应的系统和机制，以找出人类的反应。Orbis Research调研公司的研究表明，到2023年，定量情绪计算（2017年的市值已达160亿美元）的市值将增长到近900亿美元；用于识别情绪的可穿戴技术市场（眼睛监测、皮肤电反应、心电图、脑电图）正经历着每年大约40%的增长。像谷歌这样的大公司也在小试牛刀。谷歌在2019年4月于米兰设计周期间推出"存在的空间"，调查美学对人脑的影响，通过传感器跟踪身体分析人们对不同内部环境的情绪反应。宜家通过对顾客的感官检测实验了解他们对购买产品的兴趣大小。捷豹和路虎还对汽车健康进行投资，通过驾驶员的视觉感知来研究驾驶员的情绪状态。因此，神经美学正在证明让我们"感觉良好"的事物围绕着我们是多么的重要，强调了能够满足我们喜好的设计的价值。这一趋势的代表颜色是一种粉红珊瑚色，即情商（"Motus Intelligentia"，将设计和情感联系起来的新科学所认识到的情商颜色）和淋漓艺术（Sweaty Art）的金属绿，代表对审美刺激的情感反应。接着是与同名绘画一样神秘的Mona-Lise Me深紫色，以及情感增强设计（D.A.B.E.）的暖铜色，最后是圆备（Yuan Bei），一种包含情感增强设计色调颜料的白色色调，代表日益增长的个性化，而神经美学可以帮助我们做出反应。

第四期 FOURTH STORY. **乌班图**

乌班图这个词语出自祖鲁语，意思是"我是，因为我们是"或"对他人的人性"，这也是该趋势所展示的意思。事实上，这种趋势强调的是集体合作。当今社会的相互依赖性要求依靠集体意识的新方法继续发展和建立新的社会制度。比如，协作智能是基于自然界中鸟类、蜂群、蚁群的运动所进行的生物驱动算法，后被机器人复制进行交流和交换信息，从而应用了类似蜂群一样的行为系统。区块链增强了世界上各个公司、组织和团体之间的协作，所以它本身是一种透明的手段，一种信任和合作的工具。"最具影响力的非洲人后裔（MIPAD）"发起的"我在非洲的根"的项目倡议，倡议2024年末之前要在非洲大陆种植2亿棵树，帮助修复毁林造成的损害，这是社会影响驱动；与Decagon Institute研究所的合作允许使用区块链技术中的数据科学和人工智能来识别和地理标记树木。在创新合作方面，我们不禁想起新未来（NEOM）城市的前卫项目。这是2021年将于沙特阿拉伯兴起的一种新的"智能城市模式"，它同时包括埃及和约旦的部分领土。最重要的是，它着手整合所有先进技术，以提前应对未来居民的需要。因此，这一趋势的代表色是与之前对比强烈的深色，代表地球和非洲。这种颜色的名字叫作Stigmergence(源于"Stigmergy",由希腊语中表示迹象的"Stigma"和表示工作或机制的后缀"mergy"组成),带有深金属紫色色调，象征着集体思想，以分散的方式为社区的利益进行互动。蚂蚁攻击（Ant Attack）代表着棕色调的回归：红点具有浅金属和半透明的效果，这是对蚂蚁组织能力和它们适应不同栖息地的能力的认可。Magurgur在苏美尔语中是"大船"的意思，它让人想起古代吉尔伽美什史诗和宇宙大洪水；深绿色加少许黄色代表着自然和保护人类种族和世界物种的想法。琥珀色的摇摆舞（Waggle Dance）具有蜂蜜和蜂箱的颜色，让人自然联想到蜜蜂。而Deep Shi(f)t的代表色是鲜红色，隐藏着微小的光。警报声表明当今问题的复杂性，也表明我们每天都在隐藏着某些问题。

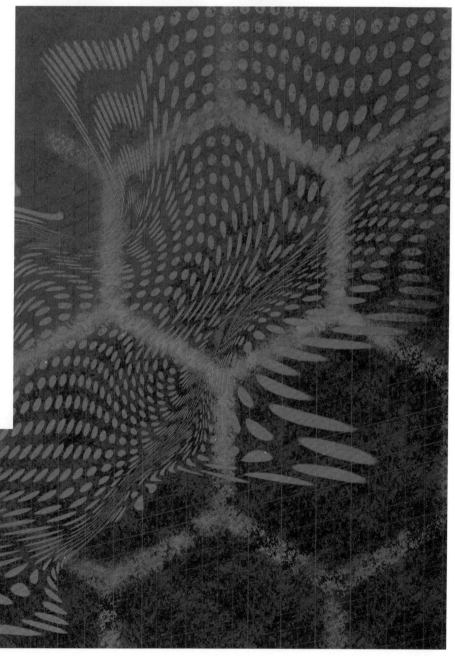

从大自然中汲取灵感

从他在日本的多功能室内榻榻米，到在澳大利亚和美国设计建造的多功能建筑，都见证了高田浩一（**Koichi Takada**）的成长。这位设计师的职业道路发轫于日本文化，成长于伦敦和纽约的求学经历，成熟于欧洲的游历，结果于悉尼的新能量。他最终选择悉尼作为自己最终的生活和工作场所，并于2008年在那里创立属于自己的"精品建筑公司"。

"**在**澳大利亚，建筑设计仍有一定的自由度，这种自由非常有趣。而这里的自然环境实在是太美妙了。"高田浩一的设计作品必有自然的成分，他不断追求自然环境和城市环境之间的平衡，而自然环境是他汲取能量和灵感的源泉，同时也是他在城市中建造设计的环境。"当今的政治和社会压力很大，我们需要设计更具可持续性和更有前瞻性的建筑，将自然带回城市。"实现这一目标的方法不仅是通过使用材料和颜色，采取透风透光的形式，认识建筑本身对人类存在的影响，同时，更为重要的是，创造出适应文化、社会和气候背景的看似矛盾的"隐形建筑"作品。"我们对未来非常清楚，大自然对此有很高的要求。建筑应该是隐形的。这样，我们就赋予人们一个欣赏和参与大自然奇观的'平台'。在这种情况下，架构可能是隐形的，但同时却可以让你从内到外进行参与和互动。这是我们从实践之初就想推广的理念。"

作者: *Alessandra Bergamini*
肖像图片: *Nic Walker*
项目图片: *Doug & Wolf (Sky Trees),*
Tom Ferguson (Arc, Infinity, National Museum of Qatar Gift Shop)

"人性化建筑"是您的主要设计。不知它源于何处？您如何协调高层建筑与人性化之间的关系？

当我们受托设计酒店、公寓、办公室等高楼大厦时，我们最害怕的事就是建筑的高度。我们设计过高达70层的建筑，这对悉尼来说实在是太高了。我们常扪心自问：如何才能将人类经验、人类规模的概念引入高层建筑？这是"人性化建筑"概念的基本问题之一。对于加利福尼亚州南山街1111号（1111 South Hill Street）的天空树塔（Sky Trees）摩天大楼来说，这里有世界上最高的红木树，硕大无朋，像一座建筑物那样大，树龄超过1000年，我们从这些树中获得灵感。当你审视自然时，就会发现众多的灵感来源；在城市概念中，我们常常忘记如何和自然建立关系，而这种关系是人性化或"自然化"最重要的方面。当人们谈论"绿色"城市时，我们需要考虑这些城市中的幸福感。这就是我们在讨论建筑设计之前首先要考虑的一个哲理性的问题，尤其是在当今的环境下，每个人都想将他们的商业模式用建筑设计进行表达；对此我们如履薄冰，我们真的认为，一定会有不同的方式来看待这个问题，一定会有一个平衡点。这就是问题的开始。

您的许多作品都是为皇冠集团设计和建造的。你们有相同的愿景和价值观吗？

皇冠集团的首席执行官来自印度尼西亚的巴厘岛，那里拥有非常棒的度假村，建筑富有地方风格，但也很有现代感，与人们投身其中的大自然具有很好的互动性。皇冠集团找到我们时，就表达出他们想把这种方法带到城市环境中去（比如在悉尼）的理念，也就是把自我融入自然的理念和城市环境紧密结合。

洛杉矶市中心的南山街1111号的天空树塔（Sky Trees）摩天大楼是个多用途的项目。您也做了整栋楼的内部装修吗？

我们还没有设计内饰。我们通常都做室外项目。当然，体验是天衣无缝的，我们将这种以自然为灵感的设计主题融入其中。当项目完成后，你就会明白这个想法非常鼓舞人心。我们当然想强调居民和酒店客人的幸福感，创造出即使是在城市环境中也能够拥有的一种轻松度假、放慢脚步抑或是回家放松的感觉。我们竭尽全力地把自然带回城市，在人工和自然之间找到一个合适的平衡点，就能做到天衣无缝。

悉尼的Arc住宅怎么样？这似乎是一种不同的平衡，您把传统与新事物融合在一起了。

这个项目非常微妙，因为它处在一个由传统建筑包围的城市环境中。当我们第一次到现场参加比赛时，我们的设想是使用能够与红砖产生对比的玻璃之类的物质材料。但我们实在是太爱这些红砖了，因为它来自澳大利亚的传统建筑技术，也是文化遗产。如果设计之前去阅读并理解背景，设计师就会产生很多灵感。当你研究历史，你就知道保持连续性是多么重要的一

卡塔尔国家博物馆礼品店，多哈

件事，而不简单是为未来而设计。未来必须包括过去的故事情节。当我们做新建筑时，我们可以通过材料的运用和表达联系我们的过去。我们坚持建造拱门。我对传统砖石的工艺印象深刻，它把拱门塑造得尤为精巧。我们雇佣的意大利砌砖工人训练有素，手艺高明，所以尽管立面设计采用难度很大的"阶梯式"技术，他们也很好地完成了工作。这个项目住宅是沉重的砖石结构，但看起来却非常轻，因为它是瘦身形的锥体，通过尖顶的拱门可以吸收更多的日光，同时在立面上还可以创造出阴影。

Arc住宅作为多用途建筑，不知道大家的反应如何？

反应特别好，特别令人满意。有些人甚至说，他们每天走过拱门就是为了体验那种与过去产生关联的感觉。这个项目既是住宅，又是酒店服务式公寓，零售商店，这意味着它是城市的缩影。每个组成部分都可以从功能之间的相互作用中受益，我认为这是个很好的例子，它很好地说明了如何重建和重新激活城市中曾经失去和遗忘的一部分。

关于内饰，您是设计定制物品，还是指定您喜欢的品牌？

尽管供应商指定更多重复性的部件，但我们更喜欢定制家具，这也是Arc住宅的基本情况。我们正在日本东京进行另一个多功能项目，用到很多意大利制造商的家具，我们也在设计与该项目身份相符的内饰物品。而且，我们在考虑当地资源的前提下，也一直试图平衡指定和定制之间的关系。

悉尼的皇冠Infinity项目非常漂亮。这是一个新项目，非常现代，令人印象深刻。您能谈谈它的概念和生命周期吗？

它必须经得起时间和使用的考验。皇冠Infinity项目是我们赢得的另一个设计大赛项目。背景是个叫作绿色广场（Green Square）的新城镇中心，这里以前是个仓库。换句话说，当我们来到这里时，那里什么也没有，就是一张空白的画布。我们想把它当作一个岛，一个从四面八方都能看到的大家伙，有点像悉尼歌剧院那样，要非常具备雕塑感。这个建筑物体本质上是由阳光和空气塑造的。我们最初接手进行设计时，这块公共空间完全没有阳光，这是我们无法忍受的。一座没有阳光的唯美建筑完全是天方夜谭。所以我们打开了空间，将光线引进来，我们创建出能够自然通风的动态形态。建筑本身充满了现代美，但就设计而言，它包含很多与自然的互动。我们希望，随着时间的推移，这座建筑将成为通往新城镇中心的大门。如果你考虑这座建筑与周围环境的关系时，你会发现它非常具有争议性，因为，它没有周围环境。但

澳大利亚悉尼弧形元素综合体（ARC住宅），161-165 Clarence Street & 304 Kent Street

如今，周围有很多新建筑物环其而建。这个设计是为了适应不断变化的环境。居民们会感受到几个小时的日光，他们不需要使用空调，他们可以感受到这种形式产生的自然通风。我们非常清楚未来，大自然对此有很高的要求。建筑本身应该是"隐形的"。

您所谓的"隐形建筑"是什么意思？
当我们开始实践的时候，我们不想让设计太过显眼；澳大利亚拥有美妙的气候、美丽的大自然、漂亮的海滨海滩，为什么不把它们当做主角呢？我们是想通过建筑来强调这一点。设计就是给人们提供一个来欣赏和参与大自然奇观的"平台"，这就意味着建筑可以是"隐形的"，同时也让你可以从内到外参与互动，这就是我们想要推广的理念。今天，人们质疑现代主义在世界各地的影响，有许多复制粘贴建筑的例子，相同的幕墙，类似的细节，到处都是重复。我们没有了个性，失去了差异。我们恢复的方法就是通过"人性化建筑"，让建筑更人性化。我称之为"气候建筑"，因为你需要适应悉尼、洛杉矶、多哈、东京的不同气候和不同文化。考虑到当今的政治和社会压力，我们需要设计更具可持续性和更能证明未来的建筑，并将自然带回城市。

左：*洛杉矶市中心的南山街1111号*
1111 South Hill Street,
天空树塔（**Sky Trees**）

右：*悉尼绿色广场（**Green Square**），*
*皇冠**Infinity**大厦*

Minotti

时空转换

日本设计师坂茂（Shigeru Ban）设计的斯沃琪（**Swatch**）新总部位于瑞士比尔(Biel)，结构形式鲜明，环保概念突出。

达240米具有弧形轮廓的楼体蔚为壮观，令人目眩，网状结构下的欧米茄（Omega）新工厂和"时间之城"（Cité du Temps）展示博物馆相互独立但又完美互补。大楼完美的曲线、透明的质感、迥异的色彩和创新的施工技术，标新立异。楼体共5层，占地25,000平方米，立面最高处达到27米，在斯沃琪国际部和斯沃琪瑞士分部共设400个工作站。4600根梁柱构成的密集网格共用去1997立方米的当地木材。9口地下水井和2个原燃料箱改造成的蓄水池散布其间。1770平方米的光伏电板，年发电量约212.3兆瓦，相当于61户家庭的年均消费量。设计师借助3D打印技术定义外壳确切的形状（平缓抬高，之后过渡至"时间之城"）和光束的位置。不透明、半透明和透明的蜂窝状木格壳构件装配有特殊的插入式系统，保证更多的自然光进入楼内，同时发挥隔热功

所有者 Owner: Swatch Group
建筑设计 Architecture: Shigeru Ban Architects
室内设计 Interior design:
Shigeru Ban Architects & Vitra
装饰/配件 Furnishings and fittings:
Bisazza, USM, Vitra
· · · · · · · · ·
作者 Author: Antonella Mazzola
图片版权 *Photo credits: Didier Boy de la Tour,*
courtesy Shigeru Ban; courtesy Swatch Group

能。结构外壳被复杂的电缆网所掩盖。玻璃入口大厅宽敞，每一层都有玻璃栏杆，营造出透明、开放和轻盈的感觉。两部玻璃电梯供工作人员和游客使用，可直达楼上和连接总部以及"时间之城"展示博物馆人行天桥的三楼，方便快捷。室内设计采用层叠式布局，家具色彩鲜艳，但并不张扬。工作站白色Map Table会议桌周围点缀着伦敦双人组合设计师爱德华·巴布（Edward Barber）和杰伊·奥斯格比（Jay Osgerby）设计的维特拉（Vitra）系列具有前倾功能的红、蓝、黄Tip-Ton椅，以及法国罗南·布鲁克（Ronan Bouroullec）和埃尔文·布鲁

克（Erwan Bouroullec）兄弟设计的标志性的白、红凹室高背沙发（Alcove Sofas）。除办公室和展览空间外，坂茂另外设计了各种共享区域，包括一楼的咖啡厅和各个楼层的小休息室。斯沃琪总部开放的场地与凹形洽谈屋可容纳多达6人参加工作会议或拨打私人电话。二楼后部的阅读楼梯（Reading Stairs）四通八达，员工坐在台阶上的同时可以欣赏美丽风景，休息之余又可以进行头脑风暴。"时间之城"展示博物馆略略升高，似乎悬浮在下方的柱子上，这里汇集了斯沃琪品牌典型的欢快精神、欧米茄博物馆和尼古拉斯·G.哈耶克会议厅（Nicolas G. Hayek Conference Hall）的奢品性格，精心设计的马赛克立面使其椭圆形的形状显得格外凸出。大厅内150万块意大利碧莎（Bisazza）瓷砖依照设计师要求的独特色调专门定制。

TalenTi
OUTDOOR LIVING

杜嘉班纳帝国

在巴黎著名的圣奥诺雷市郊路（Rue du Faubourg St-Honoré）的杜嘉班纳精品店有两位杰出人物的壁画，分别是拿破仑·波拿巴（Napoleon Bonaparte）和他的第一任妻子约瑟芬·博阿尔内（Joséphine de Beauharnais）。卡本代尔（Carbondale）工作室的埃里克·卡尔森（Eric Carlson）将该店进行了翻新。

无论是带有马赛克肖像的楼梯还是地板抑或墙壁所用的材料，无论是色彩的选用还是家具的选择，巴黎杜嘉班纳精品店整体散发着帝王般的优雅。精品店共两层，800平方米，男女成衣、配饰、精美珠宝以及定制裁缝服务，应有尽有。店铺位于19世纪的建筑内，正立面经过修复，其后为Uomo&Donna精品店（5号和3号）。整个空间中，著名绘画大师弗朗索瓦·热拉尔（Franois Gérard）的两个复制品高达7

米，使用玻璃和珐琅的Friul Mosaic马赛克瓷砖手工镶嵌。而楼梯也同样吸睛。优雅的约瑟芬·博阿尔内连接着两层的女装区，款款而视，拿破仑则连接着一楼淑女精品店和二楼的男装区。两个楼梯均采用胭脂红大理石，这种颜色与整个巴洛克风格的空间色调非常协调。精品店的地板采用诸如Fior di Pesco灰、Salomé和Sequoia Red红等各种精美大理石的钻石图案，而弯曲的墙壁则用Fior di Bosco灰、Rosa Tea红和Rosa Libeccio红大理石覆盖，并配有闪亮的镀金黄铜条带。在家具选择上，埃里克·卡尔森特别专注了两个区域的风格连续性，因此，他选择玻璃、黄铜和石楠木制成的圆柱形部件，这一方面配合了弯曲的墙壁，而且同时创造出不同零售区域之间的边界。展柜、桌子和墙壁的固定装置采用抛光黄铜、石楠和Rosa Libeccio红大理石，中间点缀着天鹅绒和石楠长椅以及巴洛克风格橱柜。男式定制裁缝服务区的地面交替使用Salomé红和Rouge de Roi灰大理石，而墙壁则采用镶有闪亮的镀金黄铜条的乌木、杜果木和荆棘木面板。

客户 Client: Dolce&Gabbana
室内设计 Interior design: Eric Carlson
(Studio Carbondale)
总承包人 General contractor: Sice Previt
装饰 Furnishings: Arco Arredamenti, Battaglia
大理石覆盖物 Marble coverings: Budri Marmi
马赛克 Mosaics: Friul Mosaic
· · · · · · · · ·
作者 Author: Francisco Marca
图片版权 Photo credits: Alessandra Chemollo

Koan

ph. Beppe Brancato ad. Graph.x

lualdi®

布拉格
（**Prague**）
的现代俏皮
风格

1995年，普洛伯格兄弟（Ploberger brothers）的万事名流酒店（**Maximilian Hotel**）开业。如今，英国Conran and Partners建筑师事务所对其进行了内部设计装修，设计的艺术性结合了大胆的色彩，给人以全新的视觉享受。

克里斯蒂安和鲁道夫·普洛伯格兄弟（Christian and Rudolf Ploberger）于1995年开业的酒店现由伦敦Conran and Partners 建筑师事务所重新装修，71间客房和酒店一楼以崭新的面貌和公众见面。Conran and Partners建筑师事务所合伙人蒂娜·诺登（Tina Norden）说："我们一致认为，翻新的格调要更柔和、更好玩，要与普洛伯格兄弟拥有的位于布拉格的另一家酒店的约瑟夫标志性建筑风格形成鲜明对比。"酒店由两座不同建筑风格的建筑组成。和以前相比，一楼的公共区域进行了充分利用，并将两座建筑连接起来。"开放并统一这些空间，从而为客人和游客创造连续又迷人的旅程，是我们面临的挑战。因此，我们创建了一处客厅枢纽，现为小酒馆，供客人和游客就餐、放松或进行社交。""Conran and Partners建筑师事务所旨在关注特定类型的诗意现代主义，这是我们自己的术语！它源于捷克共和国，

所有者 Owners: Christian and Rudolf Ploberger
建筑设计/室内设计 Architecture & Interior design: Conran and Partners
装饰 Furnishings: Alki, Aram, Arflex, Asplund, B&B Italia, Brintons, Cassina, Chelsom, Christy Carpets, Classicon, Ercol, Ferm Living, Gebrüder Thonet Vienna, Howe, Ihreborn, J.T.Kalmar, Kartell, Knoll, Kvadrat, Magis, Marset, Mass Productions, MDF Italia, Morgan, Nest, Normann Copenhagen, Pedrali, Rubn, Saba, Sancal, Schottlander, SCP, Thonet, Tom Dixon, Ton, Tribu, Vitra, Wittmann, Zanotta
灯光 Lighting: Atelier Areti, Chelsom, Delta Light, Egoluce, Flos, Halla, Lampe Grass, Linea Light, Lucis, Nemo Lighting, Sans Souci, Troy Lighting
浴室 Bathrooms: Dornbracht
· · · · · · · ·
作者 Author: Francesca Gugliotta
图片版权 Photo credits: Matthias Aschauer

融合了城市多彩的自然环境。我们发现，著名建筑师、设计师卡雷尔·泰格（Karel Teige）在布拉格举办了大型展览，而他与酒店所在的建筑拥有千丝万缕的联系；一楼接待处后面有他的拼贴画，每个房间还有他有趣的字母图形。"这些房间"别致又温暖，蓝色影迹体现了布拉格的颜色和现代主义运动，很是可爱"。在公共空间，"设计时，我们把接待处向里深移，远离临街，原来的位置变成咖啡厅和酒吧，集中了休闲和热情。"客人可以在此上半层楼，到达接待处，再直接进入客厅和餐厅。"从餐厅出发，客人可以穿过图书馆和会议室，这两处都面向一个新的景观庭院，较低的地下则是可爱的小温泉。"值得大书特书的艺术品都是"基于主人收藏的作品和泰格的标志性拼贴画以及当代的作品，风格顽皮、超现实而且很有趣。颜色的使用大胆，每个区域具有显著不同的柔和色调，入口是浅绿色，老楼梯是粉红色，客房呈现出深蓝色"。设计师选择当代的经典设计：比如由Conran and Partners建筑师事务所设计，由捷克制造商Sans Souci制造的定制照明元素。供应商包括意大利的B&B Italia、卡西纳（Cassina）、弗洛斯（Flos）等。

为革新而生

在苏荷（SoHo）和翠贝卡（Tribeca）之间奢华的十字路口，伦佐·皮亚诺工作室（Renzo Piano Building Workshop, RPBW）诠释出一种全新的结合了艺术、设计和自然的生活理念。坐落在哈德逊河和城市的象征之间的两座壮观的建筑，在纽约水晶般的光线映衬下，熠熠生辉，奢华中透着绿色唯美。

565 Broome Soho是相互连接的两座摩天大楼，由伦佐·皮亚诺工作室设计创作，作品把玻璃和光线进行了巧妙结合：30层透明玻璃结构，形成两座面向哈德逊河的令人目眩的镜面塔楼。这里有健身空间、恒温游泳池、室外露台和绿树

掩映的客厅、精致的私人住宅和顶楼，诠释了纽约这座不眠之城不断发展的理念。超过90%的垃圾分流系统、电动汽车充电站和能减少塑料瓶使用的饮水机，可谓是首个零废物高端住宅综合体，高端环保。苏荷创意区的中心地带曾是戈登·马塔·克拉克

（Gordon Matta Clark）、唐纳德·贾德（Donald Judd）和查克·克洛斯（Chuck Close）等艺术家的居住地，这里有绘画中心（Drawing Center）、贾德基金会（Judd Foundation）、意大利现代艺术中心(Center for Italian Modern Art)以及时尚和设计品牌旗舰店，伦佐·皮亚诺工作室向世人展示其生活态度。由意大利开发商Bizzi&Partners Development、Aronov Development以及Halpern Real Estate Ventures联合打造开发，巴黎Rena Dumas Architecture Interieure（RDAI）进行室内设计，提升了纽约的奢华体验。这是一座由光塑造的变革性建筑：建筑结构完全由玻璃构成，弯曲的边角连接，保证了住宅采光。115间住宅拥有令人眩目的360度视野、中性色调、全高窗户，重新诠释室内外边界。由RDAI设计的精细饰面低调而奢华；由丹尼斯·蒙特尔（Denis Montel）指导的室内电器融合了古典和现代，风格大胆。白橡木室内地板、定制木门、双层空间、大型私人游泳池，配有室外客厅的豪华顶楼，设计工艺精巧，材料精致。白橡木制作的

开发人员 Developer: Bizzi & Partners Development con Aronov Development e Halpern Real Estate Ventures
建筑设计 Architecture: Renzo Piano Building Workshop (RPBW)
室内设计 Interior design: Rena Dumas Architecture Interieure (RDAI)
结构工程师 Structural engineer: CB Engineers
照明顾问 Lighting consultant: Bliss Fasman Inc.
执行建筑师 Executive architect: SLCE Architects
装饰 Furnishings: Espasso, Fritz Hansen, Gervasoni, Hay, Hermes, Holly Hunt, Knoll, Lema, Minotti, Ralph Pucci, Retegui, Roda, Talenti, Walter Knoll
灯光 Lighting: Flos, Foscarini, Nemo Lighting, Penta, Vistosi
厨房 Kitchens: custom made, Blanco, Miele, Zucchetti
餐具 Tableware: When Objects Work
浴室 Bathrooms: Duravit, Zucchetti.Kos
地毯 Carpets: GT Design

. . . .

作者 Author: Anna Casotti
图片版权 *Photo credits:* Chris Coe / Optimist Consulting, Adrian Gaut / Edge Reps, Josh McHugh

定制厨房、玄武岩台面、舒洁帝（Zucchetti）的配件、布兰科（Blanco）水槽、美诺（Miele）电器等细节，尽显独特生活方式。客房也体现出设计师对卓越的关注，浴室（部分浴室地板可以加热）品牌大气高端：Kos浴缸，杜拉维特（Duravit）壁挂式固定装置，Calacata Caldia和Eramosa大理石表面，舒洁帝淋浴房等。大楼入口陈列着艺术作品和严格挑选的建筑、艺术和设计书籍，将大堂演变成画廊般的文化设施。通过私人通道进入的内部庭院，恰似城市与自然之间的绿洲，魅力十足。室内恒温游泳池、土耳其浴、桑拿室和最新一代泰诺健（Technogym）器械的健身中心计1700平方米，让客户重新发现幸福的生活艺术。占有很大空间的温室（Conservatory）被设计成"室内景观"，树木延伸到天花板，绿植铺满墙壁，体现了建筑与自然的对话。自然成为建筑的组成部分，虽让人意外，但诗意的协同又重塑了当代风格。

伦敦的丹麦风情

斯特拉特福德酒店（The Stratford）由丹麦Space Copenhagen设计工作室策划。酒店位于伦敦东部，拥有145间客房和套房，42层双悬臂式建筑，蔚为壮观。

酒店由ＳＯＭ建筑设计事务所（Skidmore, Owings&Merrill）设计，具体位置在伦敦东部伊丽莎白女王奥林匹克公园（Queen Elizabeth Olympic Park）的文化中心。酒店的室内装饰，定制家具和配件均由丹麦Space Copenhagen设计工作室策划。Space Copenhagen设计工作室的创始人，建筑师Signe Bindslev Henriksen和Peter Bundgaard Rützou说："Harry Handelsman（曼哈顿阁楼公司首席

执行官、开发商和酒店运营商）向我们介绍斯特拉特福德酒店时声称他的团队名为'垂直生活'，这与欧洲城市经典的水平城市景观概念对比鲜明。这座建筑所有重要的组成部分，包括居住、社交、工作和娱乐等，都渴望融入'村舍'的社会类型。"酒店占据大楼的前7层，共有145间客房和套房，大堂、客房、夹层、一楼斯特拉特福德餐厅（Stratford Brasserie）和7楼的Allegra餐厅设计巧妙，展示出永恒的魅力和热情好客的特质。"我们希望酒店空间能让

开发人员/酒店运营商 Developer & Hotel operator:
Manhattan Loft Corporation
建筑设计 Architecture: Owings & Merrill, SOM Skidmore
室内设计 Interior design: Space Copenhagen
花园景色 Garden Landscapers: Randle Siddeley
装饰 Furnishings: Benchmark, Fredericia, Gubi, Mater, Stellar Works
灯光 Lighting: Loafer, &tradition
· · · · · · · · ·
作者 *Author: Francesca Gugliotta*
图片版权 *Photo credits: Ed Reeves, Rich Stapleton, Joachim Wichmann*

客人感受到热情和友好。位于宽敞的一楼的大壁炉足足有3层楼高，非常酷炫。柔和质感的粉刷墙壁带着柔和的玫瑰色和蓝色，土色调的天然橡木，温暖的金属和天然石材，加上抛光和深色颜料的混凝土地板，与塔楼本身强烈的现代结构形成柔和的对比，为客人们创造出优雅放松的氛围。客人短暂停留也好，居住休息也罢，抑或是进行社交，进行私人出游，都会倍感轻松。"客房就像庇护所，平静柔和。"保证充足光线的落地窗，不同色调的天然木材，温暖的金属和柔和弯曲的软垫形状，舒适而平衡，私密而亲切。包石卫生间，加热地板，独立浴缸和雕花化妆镜让人舒适。所有房间都装有梳妆台、梳妆镜、床、床头柜和桌子，以及Gubi、Stellar Works和Benchmark等家具。"Allegra餐厅位于7楼："餐厅仿佛是翠绿花园中隐蔽的橘子园，甜美的绿色带着美丽和诱惑。软垫座椅、浅色木材，柔和的铜绿色金属带着破碎的暖灰色，还有天然石材地板，色调清新。"最大的挑战是"该社区原本是个归属感支离破碎（尚无归属感）的地方，是个一切都是新的或正在规划中的区域，是个不太可能在近年建立社区的地方。"建筑师们通过他们称之为"诗意现代主义"的方法实现了目标："根据定义，我们是现代人，生活在一个转动越来越快的世界里。但我们也相信，某些人类条件和需求的发展速度非常缓慢。因此，我们寻求并需要参与、诗歌、美丽、归属感、认可度、真实性、安全感和舒适性，这样人和人的距离才不会越来越疏远。"

剧院水疗

奥地利蒂罗尔州的莫尔生活度假村（**Mohr Life Resort**）是一处养生项目，由noa*事务所打造，项目充满了伦理意味。剧院造型让客人可以沉浸在与大自然交融的放松环境中。

如果说建筑本身是观众的话，那么群山则是不折不扣的主角。莱尔莫斯（Lermoos）位于最古老滑雪胜地蒂罗尔州。位于这里的莫尔生活度假村的诞生是由noa*事务所创始人卢卡斯·隆格和斯特凡·里尔指导的青年建筑师和设计师们，通过角色转换，充分利用地形优势，打造出的新的健康区。最终达到真正戏剧化的目标，没有自负，却含谦逊。该建筑水平延伸到酒店建筑群下方，形成人工山脊，与附近的干砌石墙相协调，顺应缓坡地形。全新的玻璃和水泥结构建造在酒店下方平缓的斜坡上。反光墙不仅弱化了体量，而随着昼夜和季节变化，呈现出自然的色调，让玻璃和水泥与环境的形态，文化和历史不断对话。从内向外观看，客人可以尽情欣赏正对着的奥地利和德国界峰，海拔3000米的楚格峰（Zugspitze），坐拥散布着古老农舍和谷仓的Ehrwalder Becken山谷风光。"这座山充满活力，雄伟壮观，它也成为我们项目的试验场，"noa*事务所合伙人、建筑师克里斯蒂安·罗滕斯泰纳（Christian Rottensteiner）说："美丽的楚格峰充满力量，形式复杂，这给设计带来重要的灵感。事实上，新的健康区被设计成剧院的座位区，从这里既可以观看大自然的奇观，本身又是风景，和谐放松。我们的挑战是创造出能够使人们对空间感知更加强烈的建筑作品。不仅给客人带来健康，还要给人带来全新的情绪。"这个建筑群分为两个层次，高度

的变化，给游泳池的创建提供了可能，具有冲击力的彩色镜面效果。新开发的养生中心占地600平方米，包含一个带屋顶的基础设施建筑和一个带游泳池的户外区域。户外区域通过一个中心延伸区将两部分建筑连接到水疗中心。一切都从零开始进行打造。设计考虑了很多的"戏剧元素"。如"岛盒"一般，专属设计，精工细作。放松区（尤其是在室内区域）的奢华可以提供不同的感官体验。像面向群山的剧院阳台座位，每个"岛盒"包含两个不同设计方案的小床：两层空间，天花板上挂着大秋千，用窗帘或金属圆锥体包裹，形成山景的框架，与封闭的凉廊交替出现，让客人获得更大的隐私和宁静的同时仍然可以欣赏户外美景。颜色和面料也让人联想到剧院的包厢，棉布和柔软的天鹅绒被波尔多温暖的色调所浸透，而变成褐色。照明装置以玻璃球氛围灯为主体。灯具根据环境和个人需求版本不同：跟随螺旋楼梯的曲折而转动的风景灯，剧院更衣室里带状灯，简单球体点缀墙壁的壁灯，不一而足。地板是树脂和混凝土，没有接缝，不同的纹理，不仅颜色匹配，同时又不失其特性。

所有者 Owner: Hotel Mohr Life Resort -
Familie Künstner-Mantl
开发人员 Developer: Franz Thurner
酒店运营商 Hotel operator: Familie Künstner-Mantl
建筑设计/室内设计 Architecture & Interior design:
noa* network of architecture
照明设计 Lighting design: Lichtstudio Eisenkeil
装饰 Furnishings: on design manufactured
by Fischnaller, Baxter
浴室 Bathrooms: Peter Wörz Installations
天花 Ceilings: HTB; STO Silent acoustic ceiling
墙壁 Walls: Wall&Decò
窗帘/织物 Curtains & Fabrics: Delius, Glamour, Silvera
地毯 Carpets: Besana

. . . .

作者 Author: Manuela Di Mari
图片版权 Photo credits: Alex Filz

加勒比节拍

Silversands度假村是格林纳达（Grenada）格兰安斯（Grand Anse）的一处度假胜地，由AW²工作室设计。度假村的设计与自然和谐统一，让游客时刻感受着海岛的节拍。

所有者 Owner: Naguib Sawiris
建筑设计/室内设计 Architecture & Interior Design:
AW² - Reda Amalou & Stéphanie Ledoux
装饰 Furnishings: items designed by AW² produced
by Artespazio; B&B Italia, Bruno Moinard, Ego Paris,
Expormim, Kettal, Maison Porthault, Molteni&C, Tuuci
灯光 Lighting: items designed by AW²
produced by Artespazio; Alex Palenski,
CVL Luminaires, Loupi Lighting
织物 Fabrics: Bisson Bruneel, Kettal,
Maison Porthault, Perrenials

· · · · · · · · ·

作者 Author: Manuela Di Mari
图片版权 Photo credits:
courtesy of Silversands Grenada

踏着萨尔萨舞曲般起伏的白沙，感受梅伦格舞般的瀑布，穿越茂盛的恰恰恰森林，沐浴随着伦巴的节奏拍打海岸的晶莹剔透的海水。在加勒比海的格林纳达岛，大自然就是音乐节拍，这也是AW²工作室合伙创始人瑞达·阿马鲁（Reda Amalou）和斯蒂芬妮·勒杜克斯（Stéphanie Ledoux）在设计Silversands度假村时重点考量的因素。度假村共有43间套房和9栋别墅。别墅散落在山坡和海岸之间，其中5栋面朝大海，4栋面对邻山。售出之前，客人均可入住。因此设计师不可避免地要将节奏与建筑及其内容联系起来。自布局伊始，设计师的构思主题就是要打造全景空间，同时又要有高度的隐私，并可享受绝对独特的放松和社交空间。度假村线条简洁，形式简单，色彩浅淡，材料自然，委婉的风格糅合了真实、奢华和现代。设计师对户外生活的关注在从建

筑群中延伸到蓝色大海的游泳池中可见一斑。露台、游泳池、水上游戏和日光浴区配备了Kettal工作室的设计元素，包括Doshi Levien工作室的Cala扶手椅、Kettal工作室的Landscape长凳、西班牙设计师Patricia Urquiola设计的Maia系列座椅和Vieques家具、丹麦设计师Nanna和Jorgen Dietzel夫妇设计的Basket椅、意大利设计师Rodolfo Dordoni设计的Bitta户外椅等，区域广泛，非常舒适。设计时刻吸引着客户去探索发现这个非凡岛屿少为人知的美丽。度假村选择的大多数室外或室内家具均由AW²工作室专门设计，由意大利Artespazio、西班牙Kettal工作室、法国Loupi Lighting等公司生产，与B&B Italia、Molteni&C家具、法国CVL

Luminaires灯具、Expornim、Tucci、法国Bruno Moinard等产品相互呼应。优雅的套房配有可遥控落地窗帘，凹室睡床正对地平线。让人浑然不觉的宽敞壁橱，给人极大的视觉开放感。AW²工作室把餐厅设计成大理石和木材结合的冰色调，营造出温暖包封式的环境，设计大胆前卫。这种设计体现了度假村"人性的"一面。因为该度假村是格林纳达农村妇女生产者网络（GRENROP）的合作伙伴，旨在支持一个依靠农村劳动力生存供应，具有可靠连续性食品的妇女网络。

扭体博物馆占地1000平方米，坐落于现有的博物馆和Kistefos雕塑公园建筑群内。博物馆呈雕塑造型，仿佛是可居住的桥梁，穿越兰塞尔瓦河（Randselva river），并在河中间的位置发生扭转。受挪威商人

和艺术收藏家克里斯滕·斯韦亚斯（Christen Sveaas）委托，扭体博物馆将主办一项当代国际艺术展。

© Wu Qingshan

EXTRASOFT, FLOYD TABLE, ILE TABLE.
WWW.LIVINGDIVANI.IT

LIVING
D I V A N I

The Line装置位于郊区，是专为小型活动而设计的临时建筑。"它去除了所有不必要的部件，同时却具有很强的存在感。结构由23米长的木板制成，做工精细。"

ad Designwork – photo Alessandro Paderni
set coordinator Marco Viola

Moroso
Udine Milano London
Amsterdam Köln
Gent New York Zürich
moroso.it
@morosofficial

Gogan
by Patricia Urquiola,
2019

MOROSO

启发未来

埃尔库斯·曼弗雷迪建筑师事务所（Elkus Manfredi Architects）负责人伊丽莎白·洛瑞（**Elizabeth Lowrey**）的室内建筑创意。

伊丽莎白·洛瑞通过各种艺术表现形式，把审美和创新、体验和设计创造性地结合起来。时尚、戏剧、艺术、建筑的有机结合，无不体现出设计师的创意。为美国国民银行（Citizens）、迪士尼幻想工程（Disney Imagineering）、波士顿咨询集团（Boston Consulting Group）、New Balance、Equinox等高端客户设计的酒店、零售场所、办公室、大学和住宅楼等不拘一格，意大利定制家具的精致美感，应有尽有。洛瑞被《室内设计》杂志评为"塑造设计行业新面貌的20位女性"之一。波士顿杂志将其评为"未来设计师"。同时，她还是奥本大学室内建筑咨询委员会（Auburn University's Interior Architecture Advisory Council）成员，设计博物馆基金会（Design Museum Foundation）董事会成员，也是派克大街兵工厂年轻收藏家之夜（the Young Collectors Night al Park Avenue Armory）活动的副主席。洛瑞成长于艺术家家庭，从小就受各种各样的创意熏陶。在她的室内设计项目中，充满了她那特有的想象力和洞察力，随处可见源于旅游、电影、艺术、时尚、建筑、戏剧的灵感。她主持的创新住宅建筑包括波士顿的Ink Block公寓社区、佛罗里达州2020年9月开放的白象棕榈海滩（White Elephant Palm Beach）等酒店设施，项目兼收并蓄，内藏洛瑞亲自策划的原创艺术收藏品，包括克拉斯·欧登柏格（Claes Oldenburg），罗伯特·劳森伯格（Robert Rauschenberg），珍妮弗·巴雷特(Jennifer Bartlett)，格哈达·阿默（Ghada Amer）等艺术家的作品，完美体现出设计的诗意和高尚典雅。

作者: Anna Casotti
肖像图片: Trevor Reid

您是什么时候对设计产生热情的？

我成长在艺术家和设计师的家庭。从这点来说，我是个幸运儿，早在6岁时我就知道我会成为设计师。大学时，我意识到室内设计和实际的最终用户联系更紧密，于是我转向室内设计。我喜欢从里到外的设计，从最小的细节开始一直扩展到城市布局。我乐于和客户合作。创造出能够提升客户生活品质的空间，创造出能够提升在其中工作生活的人的品位品质的空间，是人生的一大乐事。

您在埃尔库斯·曼弗雷迪建筑师事务所的职业生涯是如何开始的？这个团队的哪个方面最吸引您？

1988年初夏的一个周日早上，霍华德·埃尔库斯（埃尔库斯·曼弗雷迪建筑师事务所的联合创始人）打电话邀请我参加面试。说他想在那天见我。直觉告诉我应该接受他的邀请，于是我径直去了他的家。原本一小时的会面实际持续了一整天。第二天，我又去见了大卫·曼弗雷迪（David Manfredi），就是他与霍华德共同创立埃尔库斯·曼弗雷迪建筑师事务所的。我在原公司递交辞呈的第二天就成了埃尔库斯·曼弗雷迪建筑师事务所的第一号员工。霍华德和大卫希望建立我们现在所谓的"铁三角"——也就是在建筑师和城市规划师之外再加入室内设计，这样就可以为客户提供整体解决方案。这个概念对我很有吸引力，尤其是在20世纪80年代，当时很多人认为室内设计只是一种装饰。霍华德和大卫是美国当时的先驱，他们将室内设计视为平等的合作伙伴，将其视为建筑整体的一部分，即围绕人、项目和社区创造空间。

埃尔库斯·曼弗雷迪建筑师事务所的不同工作室是如何组织的？

埃尔库斯·曼弗雷迪建筑师事务所是家拥有270名员工的全方位服务设计公司。我们的工作涉及建筑、室内设计、总体规划和城市设计等各个方面。在酒店、生命科学、工作空间、高等教育、多单元住宅和零售/娱乐设计方面都广获好评。我们的工作地点一直都在马萨诸塞州波士顿，因此，我们的工作具有高度的创造性、高度的协作性，能够吸纳各学科优秀人才。我们没有划分专业部门，而是围绕客户的工作进行组织。每个项目团队都由具有丰富经验的设计师组成，这些人曾涉足不同行业不同的项目类型，从而能够带来不同的观点。这种模式让我们在解决问题时更具创造性和创新性，并保持工作的新鲜度。例如，将酒店和住宅设计元素融合到工作空间项目，就会带来

各种各样的好点子，进而真正提高工作空间的生产力和创造力。我们设计过许多混合用途的开发项目，因此在综合用途项目（无论是办公、零售、娱乐、住宅、生命科学，还是酒店设计）中拥有丰富经验，使我们能够每次都以全新的、动态的、整体的方式将这些用途进行融合。

您的室内设计有一个重要组成部分，就是"意大利制造"。请问，它是怎么实现的？您的意大利设计都和哪些公司有关联？

我们的室内设计几乎都包括意大利家具，原因主要是意大利人在工业设计和家具设计方面确实具有先进性，而且质量也处于领先地位。我们与许多意大利制造商合作，如B&B Italia、Giorgetti、Poltrona Frau、Flexform、Minotti、Zanotta、Glas Italia和Gallotti&Radice等。除了这些我们耳熟能详的公司，每年我们都会发掘新的合作公司。近来，我们为Charles River Associates设计的办公室、德丰杰（Draper）总部办公室、Mintz and Foley Hoag律师事务所和AEW集团等，都带有浓厚的意大利家具特色。在过去几年里，我们已经完成了Meriel Marina Bay、VIA和Lantera的多单元住宅楼，以及Ink Block的6栋多单元住宅楼，这些项目也都包括意大利家具。我们马上要完成白象棕榈海滩（White Elephant Palm Beach）酒店项目，该项目计划在2020年9月开业，而且将重塑历史地标。我们每年都会带一个设计师团队参加米兰国际家具展（Salone del Mobile）。我们公司之所以要进行这种投资，原因在于米兰国际家具展对设计师具有的影响力不仅根深蒂固，而且立竿见影。这种沉浸式体验对设计师而言是无价的。我们在意大利时还会去参观纺织厂、瓷砖厂、家具厂、石材厂等各种各样的工厂。记得有一次我们去参观著名家纺品牌Rubelli的Cucciago Mill磨坊，晚餐后俯瞰科莫湖（Lake Como），给我留下难忘的印象。今年（因为疫情）错过了去参观家具展的机会，非常期待2021年的展出能够如约而至。

你们都有哪些定制家具合作公司？

我们为酒店、办公场所等项目设计定制家具。同时，我们也与世界各地不同的定制家具制造商合作，比如，意大利的Giorgetti、Emmemobili、Estel、Giopatocoombes以及Boffi，荷兰的Piet Hein Eek，德国的巴托普（Bulthaup），西班牙的Andreu World等。在定制地毯方面，我们最近和英国

的Brintons和泰国的太平（Taiping）进行了合作。在白象棕榈海滩酒店项目中，我们的合作伙伴是位于上海的定制家具制造商。我们还与美国的手工艺人广泛合作，位于罗德岛（Rhode Island）的一家定制木家具制造商就是我们的合作伙伴。我们还与洛杉矶的Studio Other工作室合作开发专利产品Harbor Stone™系统系列办公桌。

你们的主要客户都有谁？他们委托你们进行设计的情况如何？

通过努力，我们已经与领先的机构、企业实体和美国最成功的开发商建立了长期联系。我们很多的现有客户会继续聘用我们进行新设计，还有一些新客户，比如洛杉矶的The Grove和The Americana，以及迈阿密世界中心（Miami Worldcenter）。这些客户在了解到我们拥有设计美国主要综合用途项目的经验后纷纷慕名而来。我们的客户范围从大型国际综合用途开发商到企业客户、律师事务所、生命科学研究公司、大学、酒店实体、多单元住宅客户和小型精品公司等不一而足。我们的房地产开发商客户多是世界上最著名的客户，比如Related公司、迪士尼幻想工程（Disney Imagineering）、Caruso Affiliated公司和亚历山大（Alexandria）地产等。我们的企业客户都是工作空间战略的先驱，阳狮集团（Publicis Groupe）就是一个很好的例子，其他还包括New Balance、Vertex公司、德丰杰、美国万通（MassMutual）、美国国民银行（Citizens）以及其他我们设计过总部的客户。我们与全球领先的咨询公司Charles River Associates（CRA国际）的合作始于对其波士顿新总部办公室的设计，该项目随后在纽约、华盛顿特区、芝加哥和加利福尼亚州奥克兰启动另外4个办公室设计，并最终返回波士顿把总部进行扩大。对生命科学研究公司的客户而言，一切都是关于创新的速度，包括辉瑞（Pfizer）、诺华（Novartis）、博德研究所（The Broad Institute），以及马萨诸塞州剑桥市被称为"全球最具创新性区域"的肯德尔广场（Kendall Square）的其他几家公司。这些客户中有几家目前正深入进行2019新型冠状病毒的研究。酒店项目包括Seaport新区在建的Omni Boston酒店、芝加哥半岛酒店（The Peninsula Chicago）、首尔附近仁川的凯撒韩国综合度假村（Caesar's Korea Integrated Resort）以及位于波士顿的四季酒店（Four Seasons）、洲际酒店（Intercontinental）、韦贝酒店（The Verb Hotel）以及万豪旅享家（Marriott Bonvoy）雅乐轩（Aloft）和源宿（Element）酒店。我们合作过的大学包括麻省理工学院（Massachusetts Institute of Technology）、哈佛大学（Harvard）、杜克大学（Duke）、南加州大学（University of Southern California）、芝加哥大学（University of Chicago）和罗格斯大学（Rutgers）。机构客户包括国家儿童医院（Children's National Hospital）和波士顿儿童医院（Boston Children's Hospital）。

*剑桥**Draper**总部的中庭（**Atrium**）*

您认为在酒店方面最重要的变化是什么？

当前，随着世界疫情的变化，人们对健康和安全会越来越担忧，越来越关注。我们相信，在2019新型冠状病毒威胁过去后很长一段时间内，人们都会对清洁卫生以及社交距离超级敏感。这意味着酒店不仅必须安全、健康，而且必须让客人感到安全。一切都要从安全出发，并能够让客人感觉到一切皆可控制。严格的清洁规程，易清洁的材料和饰面，电梯、门、卫生间等处的免接触技术，升级的HVAC（供热通风与空气调节），自然光和新鲜空气——所有这些因素都将发挥作用。虽然设计需要适应人们日前增强的敏感度，但我们也必须努力创造出比以往任何时候都更令人信服、更具吸引力、更亲切的酒店目的地，克服客人对共享物理空间的恐惧。疫情要求我们减少装饰并提供更多基于建筑的解决方案，但同时也给我们带来去创造能够保证人们安全和健康的社区场所的机会。

您的设计理念在波士顿和美国其他最重要的项目中都有体现，包括韦贝酒店，万豪源宿等酒店，Ink Block公寓社区和Meriel Marina Bay等住宅项目。您如何定义您的风格和您的设计愿景？

我的设计是我的经验和旅行的结合体。我们花了很多时间去周游世界，因此我们能够把全球视角和经验带给客户。我保持灵感的秘诀来源于一直对周围世界抱着开放吸纳的态度，无论是电影、艺术、建筑、时尚、戏剧、旅游，诸如此类，都会成为我的创作灵感。一个项目总是从环境，物理的地方开始。不管是什么项目，我们都是从项目所在地的特点开始的。我们的风格与其说是外在的表现，不如说是内含的感觉。要讲什么样的故事？如何融入真实的地方感？这可谓是在项目利益相关者和参与者之间建立信任，并创造吸引人们聚集在一起的要素。

在材料、颜色、家具和照明方面，如何做出选择？

这些元素是根据故事、审美和我们希望用户拥有的空间体验来选择的，实际上更多是设计出来的。每一个元素都必须有助于故事的讲述和增强人的体验。大多数情况下，我们通过设计定制家具来增强客人的体验，而这些都是可以经久的投资品。再加上能让你微笑的饰品或材料。但更重要的还是经典的品质，就像我们所有的设计作品一样，我们也受到自己的经历，比如旅行、看过的艺术、时尚、建筑、戏剧、电影等方面的影响。这是选择事物的第一个层次。下一个层次则是选择如何把故事和预算以及时间表等所有可能存在的实际问题结合起来。我们可以用白象棕榈海滩酒店的翻新设计做具体说明。我们的设计既包含棕

中间：芝加哥咨询公司
Charles River Associates

*右：波士顿大学**Joan & Edgar Booth Theatre**剧院和美术学院 **Production Center**中心*

左：***Boston Landing***开发公司 ***Lantera***公寓

中间：波士顿韦贝（***The Verb Hotel***）酒店

右：波士顿***Ink Block***公寓社区

桐滩独特的历史，又包含这家具有百年历史的酒店作为历史地标的建筑意义，同时还引入一种与棕榈海滩更为正式的审美观相背离的朴实无华、休闲优雅的风格。我们设计的定制家具高档，比棕榈海滩经典家具更现代、更轻松，更符合当今全球成熟客人的生活方式。该设计抓住棕榈海滩住宅清新自在，微风和煦的精髓。休闲现代风取代了棕榈海滩惯有的设计手法，让一切变得更加富有层次、更加有质感、更加轻松，而柔和、温暖和凉爽的中性色调抓住了棕榈海滩的阳光特质。客房内的所有家具以及公共空间的木制品都是定制的。我们的设计师和我们的客户新英格兰发展公司（New England Development）的代表飞抵上海，对定制产品的生产进行监督。其他独一无二的家具件散落酒店之间，平添俏皮的感觉，有点轻松搞怪。我们再聊聊艺术。我们的团队与新英格兰发展公司密切合作，为白象棕榈海滩酒店策划精选了一批当代原创艺术作品。包括瑞典公共艺术大师克拉斯·欧登柏格（Claes Oldenburg）、美国艺术家罗伯特·劳森伯格（Robert Rauschenberg）、美国新形象绘画艺术家珍妮弗·巴特利特（Jennifer Bartlett）和埃及艺术家格哈达·阿默（Ghada Amer）等国际知名艺术家的作品。整个系列反映出的国际范儿和善于旅游的客人的兴趣很是契合。之所以选择这些艺术品是要让客人能够在酒店发现与众不同的地方，并在客人中产生一种乐于选择在此居住并继续探索发现的愿望。

您在艺术家庭中长大。艺术在多大程度上激发了您的灵感？它是如何在设计中加以体现的？

艺术绝对是我的灵感。它是关于颜色和质地这些所有显而易见的东西，但也包括历史、背景和抓住我的想象力的原因等隐性的东西。艺术给我们的作品带来巨大的文化价值，并且艺术可以和设计的作品结合在一起。我们参加很多艺术展，包括米兰的艺术展和迈阿密的巴塞尔国际艺术博览会（Art Basel）。我经常参观纽约、伦敦、巴黎、洛杉矶的画廊和博物馆，最近还去了东京。当然，我最喜欢的是米兰的Nilufar画廊！我参加伦敦的克勒肯维尔设计周（Clerkenwell Design Week），洛杉矶弗里兹艺博会（Frieze Los Angeles），以及在纽约的军械库艺博会（Armory）和展出艺术和装饰物品的冬季艺术展（The Winter Show）。我们一直关注文化和艺术的脉搏。

您现在在做什么项目？

我们的室内设计工作室马上就要完成位于加利福尼亚州奥克兰市的CRA国际的第五处办公空间，之前我们已经完成CRA国际在波士顿、纽约、芝加哥和华盛顿特区的设计建设工作。我们还将完成棕榈滩白象酒店的工作。此外，我们也在紧锣密鼓地完成美国万通和世界第三传播集团埃培智（IPG）旗下的睿狮广告传播（MullenLowe）的新总部办公室，以及Ollie公司7INK的建设工作。后者是以微型公寓为主的创新型多住宅建筑，是波士顿Ink Block公寓社区的第七个同时也是最后一个建筑。

您最梦想设计的项目是什么？

最近几个月，2019新型冠状病毒颠覆了我们所认知的世界，我认为这时候的设计比以往任何时候都更重要。对此做出第一反应的是卫生保健工作者。下一个回应者应该体现在我们设计行业。因此，我们要创造出能够让人们重聚在一起的弹性空间，帮助大家建立信任，保障安全，并能够治愈环境和文化创伤。这是我们的责任，也是我们要面对的挑战。我们要充分认识到这个时机，抓住这个机会。我想到我们的家乡波士顿。波士顿的公园是几代人的暂时性避难所，为身体、精神和社会福祉与健康创造了环境。美国景观建筑之父弗雷德里克·劳·奥姆斯特德（Frederick Law Olmstead）在规划他心爱的波士顿"蓝宝石项链"（Emerald Necklace）项目时，声称其目标是要让绿色空间具有恢复和支持身心健康的力量，要让公园发挥将不同种族和文化背景的城市社区聚集在一起的力量。这也是我们设计理念的基础——我们的工作不仅仅是要建一座单纯的建筑物，或者是单纯的室内或室外空间。它必须带来文化价值，必须让社区的对话和文化更具包容性、更有治愈性、更加人性化。

低调的奢华

洛斯卡沃斯（Los Cabos）的Nobu酒店由美国知名的WATG建筑师事务所设计。酒店突出了品牌特有的独特生活方式，把烹饪和日式体验发挥到极致。

墨西哥的洛斯卡沃斯与洛杉矶等主要城市通行便利，长期以来一直吸引着寻求在具有独特自然美景的地方休息和放松的游客。该地区包括邻近的卡波圣卢卡斯（Cabo San Lucas）和圣荷西卡波（San José del Cabo）以及其他小城镇，分布在下加利福尼亚半岛最南端科特斯海（Sea of Cortés）和太平洋交汇处，这里开发了更高档、更具设计感的度假村，是新一轮开发浪潮的焦点。Nobu酒店由国际知名的WATG建筑师事务所设计，很好地体现出品牌所具有的独特生活方式以及卓越的烹饪及日式体验。WATG建筑师事务所景观部副总裁兰斯·沃克（Lance Walker）声称："Nobu酒店不仅为客人提供豪华、私密和宁静的体验，而且让客人深入体验当地的文化和酒店的美食。"酒店拥有200间客房，极简主义风格凸显，风景秀美，恰如其分地勾勒出太平洋的景色。和洛斯卡沃斯的大多数度假村一样，由于强大的洋流可能造成危险，这里是禁止进行海洋游泳或海滨游览的。因此，拥有18个游泳池，可以提供各种水上娱乐和健

康体验的洛斯卡沃斯Nobu酒店可谓弥足珍贵。游泳池区域的池滨酒吧和水下休息室座位最大限度地利用了沿海气候，增加了丰富的体验。柚木材质的浸泡式浴缸和室外格子架的选材精心，采用日本传统的方法碾磨连接。WATG建筑师事务所选择中性的黑色大理石和石灰石，将泥土的感觉与精致的奢华巧妙结合。定制家具的木材和天然材料与干净的现代线条以及极简的酒店建筑本身相得益彰。WATG 建筑师事务所北美和中北美区高级副总裁、区域总监莫妮卡·库沃（Monica Cuervo）说："形象设计的灵感来自日本干净的线条。简约而富有极简主义特点的开放空间，让人既可享受休闲奢华，又可尽览太平洋美景。"这里的设施非常便利。酒店里餐厅众多，遍布多个地点。全日式Malibu Farm餐厅很受欢迎 。该

餐厅最初由农民厨师Helene Henderson在加利福尼亚州的Nobu Malibu附近创建，此后扩展到美国其他城市以及日本和墨西哥。主泳池区设有1270平方米的Esencia水疗中心，13间理疗室。酒店拥有广阔的会议空间和活动空间以及家庭儿童俱乐部。该项目采用当地石材、植物和下加利福尼亚州的其他元素，并采用日式园林和景观设计进行景观美化。一组巨大的雕刻像禅宗沙园中崎岖的石头哨兵一样矗立在酒店入口的车道上，而精妙的景观设计很好地阐释了酒店的安静祥和。

所有者/开发人员 Owner & Developer:
Corporacion Inmobiliaria KTRC, SA de CV
总承办商 Main Contractor: Hill International
酒店运营商 Hotel operator: AIC Hotel Group
室内设计 Interior design: AIC Hotel Group
照明设计 Lighting design: Isometrix Lighting Design
景观设计 Landscape design: WATG
装饰 Furnishings: IMA Furniture,
Garcia & Lopez, Grupo Solarix
灯光 Lighting: Mexlux
浴室 Bathrooms: American Standards
窗帘 Curtains: Koni Hospitality

. . . .

作者 Author: Jessica Ritz
图片版权 Photo credits: courtesy of WATG

富庶前卫

四季酒店的投资稳步增长。在蒙特利尔市黄金广场（Golden Square Mile）新近开业的四季酒店共18层，功能齐全，豪华现代。

19世纪维多利亚时代的优雅建筑饱含蒙特利尔的过去和最近的历史，这些建筑被渐次改造成新住宅或被新机构所用，而透明和科技也成为高塔的标记。在这一背景下，新四季酒店显得空灵、精致。酒店由Lemay 工作室和 Sid Lee 建筑公司合作完成，身着黑色玻璃"衣裳"，镀金金属网格立面，大胆前卫。侧面花岗岩图案反映出玻璃板的节奏感，其不同的图案则受到环境光照的影响，显得更加魅惑。与线性立面形成鲜明对比的是Gilles&Boissier与Philip Hazan合作进行的内部设计，使用的大自然珍贵材料，极其环保，帕斯卡尔·吉拉丁（Pascale Girardin）设计的"沉思（Contemplation）"艺术装置在酒店的开放式大厅贯穿8到17楼，超过90种花卉元素从苍穹飘落。悬挂的浅白铝，搭配千足金调性，暗示着宏伟而又微妙的自然循环。金色外观的电梯转接低层商业空间，粉红色和灰色的天鹅绒墙壁一直延伸至白色大理石接待区。酒店共169间客房和套房，富有现代古典主义色彩，温暖的色彩融合柔软的天鹅绒、镜面、精细大理石、深色木材和金色饰面，性感诱人。粉红色天鹅绒家具，

圆形架子，极简的天棚床和大型背光镜子，以及宽敞的大理石浴室独立浴缸，简约优雅。14层以上的18个私人住宅，拐角被设计成全景露台，奢华成熟。自三楼大堂可以直接进入历史悠久的奥美（Ogilvy）百货公司，社交广场（Social Square）的餐厅主厨是极具烹饪天赋的马库斯·萨缪尔森（Marcus Samu-elsson），餐厅、休息室、酒吧和露台等4个区域截然不同，但又相互补充，可以完全满足酒店客人和大众的使用。佩伦（Perron）和他的团队利用了大量的抛光和氧化铜、天鹅绒、细木和大理石，很好地烘托了酒店的整体气氛。日间休息室具有良好的通风性，点亮的水晶墙释放出的照明效果令人印象深刻。象牙色调突出了定制家具的感官形式，各种覆盖物采用奶油色和水绿色等浅色色调，灰色天鹅绒超长座椅缠绕在垂直体量上，神奇吸睛。休息室选用更暗的色彩，墙纸从深紫色到森林绿，仿佛皇家山公园（Mount Royal Park），无缝覆盖墙壁和天花板，Lambert&Fils灯具的金色光，给人极佳的私密感。马库斯餐厅设计成经典小酒馆，墙上悬挂系列复古照片，半圆形的皮革长椅，木质椅和藤条椅，非棋盘格图案的黑白地板，给人原汁原味的感觉。与餐厅相连的大型加热露台，不仅可以扩大烹饪和就餐区域，而且可以见证附近建筑立面上伦纳德·科恩（Leonard Cohen）壁画的特殊景观，就像在大型舞厅中的视野一样。两个卫生间的人工照明、大理石和奢华灯具，让男女宾客在具有德罗斯特效应的镜子前驻足流连。

所有者 Owner: Four Seasons Hotels and Resorts
酒店运营商 Hotel operator: Four Seasons
建筑设计 Architecture:
Lemay and Sid Lee Architecture
室内设计 Interior design:
Gilles & Boissier in collaboration with Philip Hazan;
Atelier Zébulon Perron (MARCUS Restaurant
+ Terrace | MARCUS Lounge + Bar)
装饰 Furnishings: custom design
灯光 Lighting: Lambert & Fils
· · · · · · · ·
作者 Author: Antonella Mazzola
图片版权 Photo credits: Olivier Blouin,
Stephany Hildebrand, Don Riddle, Adrien Williams

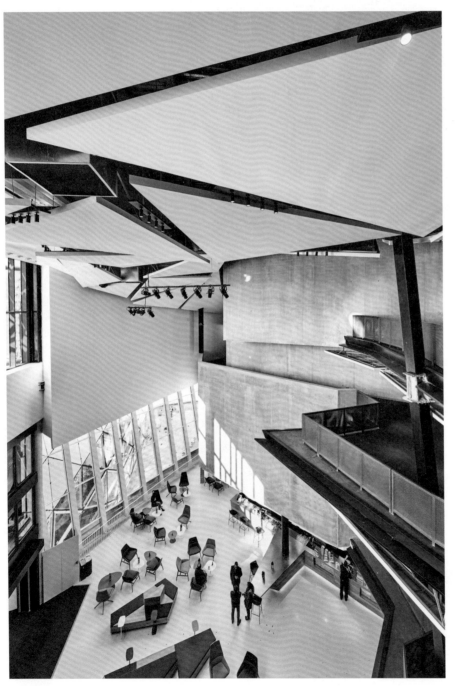

影像世界

法国韦利济–维拉库布莱（Vélizy-Villacoublay）的UGC多功能影城，是相邻的一座新购物中心的入口。设计师对垂直推力、空间漂浮体量以及"在空中行走"的可能性均进行了研究。

影城共包含18个剧院，总计3800个座位，围绕着凸起的街道和连接系统组织，体量、开放空间和剧院交替。该项目由巴黎Atelier Architecture Lalo建筑师事务所设计，表现出设计师对公共空间创造的兴趣，表达了"城市化场所"的需要和在令人回味的地点分享当下的愿望。活跃于房地产管理领域的法荷集团，全球购物和零售房地产巨头Unibail Rodamco Westfield和UGC已将新的UGC影城纳入购物中心和电车轨道的振兴项目。UGC Vélizy 2就像座有立面的城市，金属栏杆阳台、连接各楼层两个剧院式自动扶梯、开阔的视角和悬挂在混凝土中的体量、人行道和电影院之间的渐进式通道，欢迎公众前往影城观影。这些空间立体灵活，外观坚实，可做观景台或活动区之用。影院空间不一，座位100～450不等。电影屏幕与房间的大小相称，天花板上的固定装置与柔和的侧灯交替照明，类似于附着在墙上的水滴。影城整体的表现冷静自然，由于三角形面板悬挂在不同的水平面上，天花板产生了有趣的几何效果。灯光结合了聚光灯和白色光

束，突出凸起的人行道。木屋式售票处位于楼梯和连接处的下方，腾出空间供客人在中央大厅放松休息。大厅中的座位和桌子与类似小台阶的木制量体交替排列。该案例的建筑和影城间的交叉通道有两件艺术作品。一件是西班牙艺术家赫克托·卡斯特尔斯·马图诺（Hector Castells Matutano）的一段视频，利用他发明的光学效果，将抽象、生动、多彩的形式投射到一个大屏幕上。第二件作品则是两只大蓝猫眼会突然出现在一堵巨大的未加工混凝土墙上。《猫》是克劳德·莱维克（Claude Levêque）的霓虹灯作品，影迷们尚未进入影城就能看到吸引并欢迎他们的猫。

所有者 Owner: UGC
总承办商 Main Contractor:
Unibail - Rodamco West Field
室内设计 Interior design: Atelier Architecture Lalo
灯光 Lighting: Ambiance Lumière, Osvaldo Matos
声学 Acoustics: AAB
装饰 Furnishings: RBC Mobilier
浴室 Bathrooms: Brouillet
天花 Ceilings: D3A
墙壁 Walls: Filisa / Creative Digitaly
织物 Fabrics: HTI Esprit & Matieres

· · · · · · · ·

作者 Author: Francisco Marea
图片版权 Photo credits: Michel Denancé

不完美才是永恒的进化力

"没有永恒，没有结束，也没有完美。"深圳富田香格里拉酒店内**Ensue**餐厅体现并秉承了这一侘寂理念。室内设计师邵程（Chris Shao）和主厨Christopher Kostow共同打造的形象和内容也将这一理念发挥到极致。

邵程问Christopher Kostow："您对奢侈品的定义是什么？"。"那"，Kostow指着农场上的一棵树回答。深圳富田香格里拉酒店内的一张海报上显示着两位主人公之间简洁又不同寻常的对话。这也是美食和设计领域创造性结合的基础。随后，两人共享一个基于无常和不完美的美学世界观，这就是侘寂哲学，一种接受并欢迎事物的短暂性的观念，一种不断在运动中追求进步的理念。邵程，这位事业源于纽约的中国人就是这一"教义"的忠实拥护者。他从Kostow钟情的加利福尼亚州纳帕谷景观中得到灵感，并将其与广东景致融为一体，进而设计出Ensue餐厅。餐厅位于酒店上层空间，拥有丰富的天然植物和动物，有机的形状、微妙内省的色彩，让人沉静享受。Ensue餐厅的入口背景是当地艺术家手工绘制的迎宾壁画，并搭配马饰壁灯，幽暗、舒适、亲近。Rosie Li Studio工作室手工制作的入口迎宾雕塑吊灯呈花卉形态，抛光黄铜材质，似乎在空间中漂浮。走下走廊可达定制的鹿角接

待台，天花板上倾斜的瓦片来自传统的粤式建筑，天鹅绒纺织品冷冷的色调很是柔和。在主餐厅，颜色渐变成灰色等中性色调，凸显出食物的色香味，而陈设均为邵程设计的定制单品，模仿落日余晖可见电线的灯，或者是竖直的类似于树枝可遮挡视野的分隔墙，现代而雅致，把自然形态和氛围很好地烘托出来。13米层高的挑空空间，自然光充足，创造出多样又个性化的环境。包厢、私人暗吧、隐蔽的休息室以及阅览室，神秘而独特。沿白色大理石楼梯到达楼梯顶端，客人能看到一个暗门书柜，隐藏着的暗门开关安放在最左边的书上，按下后，书柜缓缓挪开。客人在Ensue餐厅，经历的是一次充满想象力的航行，更是五大感官的奢侈体验。

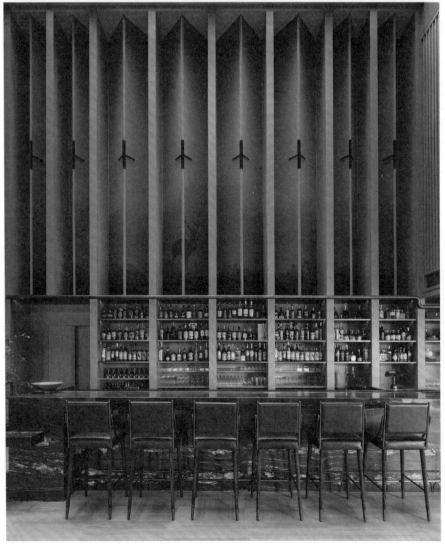

所有者 Owner: Dingyi Food and Beverage
总承办商 Main Contractor:
Guangzhou Loto Interior Work
酒店运营商 Hotel operator: Shangri-la Hotel
建筑设计/室内设计 Architecture & Interior design:
Chris Shao Studio
照明设计 Lighting design: Isometrix
装饰 Furnishings: Chengda Furniture
厨房 Kitchens: Jia Group
灯光 Lighting: Apparatus, Chris Shao Studio, Rosie Li
浴室 Bathrooms: Chris Shao Studio
天花 Ceilings: Guangzhou Loto Interior Works
墙壁/织物 Walls & Fabrics:
Elitis, Holly Hunt, Romo Group

· · · · · · · · ·

作者 Author: Manuela Di Mari
图片版权 Photo credits: Lit Ma from Common Studio

不是普通的办公室

Fosbury&Sons Prinsengracht是一家联合办公公司。它选择一家现为荷兰国家遗产的前医院作为自己的办公场所，形式和功能上都给人以新鲜感。来自MVSA Architects建筑师事务所的罗伯托·迈耶（Roberto Meyer）进行建筑改造，室内设计由Going East建筑师事务所完成。

Fosbury&Sons Prinsengracht是比利时一家联合办公公司，其创始人在寻找本土外的第一处办公地点时，并未考虑到选址前身是所医院。这并非阿姆斯特丹第一个将这种结构转换为酒店的案例。这种做法总能带来令人意想不到的结果。Fosbury&Sons Prinsengracht在荷兰的新总部也不例外。这座建于19世纪的宏伟建筑前身是普林森拉赫特医院（Prinsengrachtziekenhuis），该医院一直运营至2004年。1994年，该医院还只是临时诊所，两年后就取消了床位。接下来房地产开发商Millten and Million Monkeys对其进行收购，由MVSA Architects的建筑师Roberto Meyer进

所有者/开发人员 Owner & Developers:
Millten and Million Monkeys
主运营商 Main operator: Fosbury & Sons
建筑设计 Architecture:
Roberto Meyer/MVSA Architects
室内设计 Interior design: Going East
装饰 Furnishings: custom design and vintage pieces
艺术作品 Art works:
Grimm Gallery, The Ravestijn Gallery
· · · · · · · · ·
作者 Author: Manuela Di Mari
图片版权 Photo credits: Francisco Noguiera

行持续了5年的保护性修复。这座沿着运河的建筑被列为国家遗产。如今它的6000平方米的办公楼、工作站、会议室和活动场所，都是全新装修的。Going East的两位设计师专注室内设计，提升了整个建筑群的地位。设计师Anaïs Torfs说："我们决定重新安装套间的拼花地板，和老照片中呈现的一模一样。我们打算沿着运河重建一个真实的'意大利宫殿'氛围，突出现有的华丽拱门，并修复受损的天花板。"新与旧的对比，古典与现代交融，彩色大理石、细毛织物和复古家具等精致的细节，让人目不暇接。除设计本身外，另一值得一提的重点是办公空间内的艺术品。与Grimm和 Ravestijn画廊合作，公共区展出了Nick van Woert, Koen Hauser的现代艺术和摄影作品，以及艺术家Sarah Yu Zeebroek为此特别制作的系列作品。Going East的室内设计很好传达了Fosbury&Sons的哲学理念。与酒店相似的服务和氛围，完全自主、灵活和与其他商业现实相联系的愉快氛围，表现了联合办公的特质。该空间可容纳250家公司和企业家。每家会员都高度舒适，既可以与家人或朋友自由地共享空间，还可以与家人或朋友置身于田园诗般内部花园中那间怡人的咖啡厅享受时光。私人生活和工作是不存在隔阂的相互联系体。"不是普通的办公室"可是Fosbury&Sons联合办公公司创始人Stijn Geeraets, Maarten Van Gool和Serge Hannecart的座右铭。

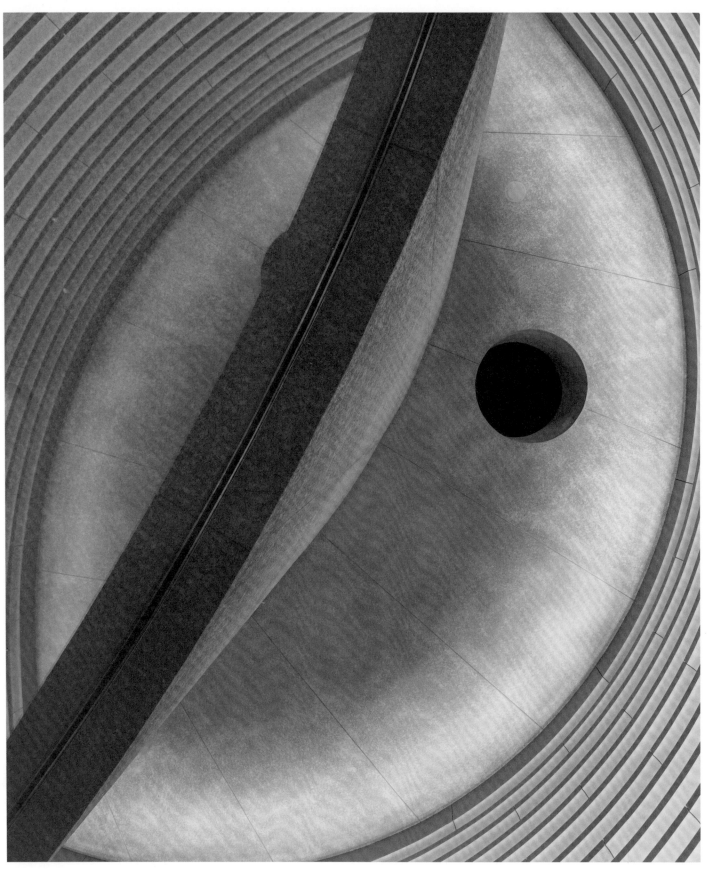

大英帝国官佐勋章（OBE）获得者戴维·阿德迦耶爵士（Sir David Adjaye）的"粉红的氛围"

洛杉矶著名的奢侈品百货公司**The Webster**由加纳裔英国设计师戴维·阿德迦耶爵士设计。他对选择采用粉红色混凝土的解释是："粉红色是时尚的感觉，但我想做一些既坚韧又温柔的东西。"

The Webster是美国著名的多品牌奢侈品百货公司。这家最新的旗舰店位于洛杉矶圣文森特大道（San Vincente Boulevard）拐角处的粉红色建筑内，戴维·阿德迦耶爵士的设计大胆时尚。这家橱窗购物地产大约占地1021平方米（11000平方英尺），座落于历史悠久的洛杉矶贝弗利中心（Beverley Centre）一座庞大单一的8层

楼体内。设计师采用悬臂式混凝土立面，重塑了原建筑的野兽派风格外表，粉红色混凝土微妙时尚，体现出加利福尼亚州明亮和时尚的色彩。设计师说："我在职业生涯初期就做过色彩实验。在过去5年里，我开始尝试使用大量饱和的红色和粉色色调。粉色感觉很时尚，但我想做一些既坚韧又温柔的东西。"毗邻太平洋的洛杉矶阳光灿烂，自然放大了弧形立面饱和

客户 Client: The Taubman Company
用户 User: The Webster
设计建筑师 Design Architect: Adjaye Associates
备案建筑师 Architect of Record: Neumann Smith
总承办商 Main Contractor:
Jacobsen Swinerton Joint Venture
土木工程师 Civil Engineer: Mollenhauer Group
景观设计 Landscape design:
Grissim Metz Andriese Associates
结构工程师 Structural Engineers:
Ludwig Structural (Engineer of Record),
Guy Nordenson Associates (Design Engineer)
照明顾问 Lighting Consultant:
Brian Orter Lighting Design
混凝土顾问 Concrete Consultant:
Reg Hough Associates
立面顾问 Facade Consultant: Thornton Tomasetti
水景顾问 Water Feature Consultant:
Waterline Studios
技术顾问 Technology Consultant: Standard Vision
装饰 Furnishings: on design
• • • • • • • •
作者 Author: Francesca Gugliotta
图片版权 Photo credits:
Dror Baldinger, Laurian Ghinitoiu

度很强的粉红色。主入口的3片曲面玻璃全景窗创造出角度分明的视觉入口，消除了公共空间和内部零售空间之间的界限。The Webster外观和材料的色调一直延伸到室内。内部弯曲的形状、曲线、纹理和不同类型的粉红色混凝土、柱子，框架镜子上的青铜细节，水磨石混凝土地板与黑樱桃大理石碎岩，更衣室的墙壁上部覆盖着的客户个人收藏的50年代复古花卉壁纸，和室外浑然一体。The Webster不仅是零售场所，更是在圣文森特大道和贝弗利大道交叉口建立的新的公共空间，为客户和洛杉矶市提供了一处新的目的地和体验所。更令人意想不到的是，这座建筑的雕塑喷泉和只能从悬臂下方看到的数字艺术墙，形成了带有沿墙座席的无柱门廊，可谓是城市绿洲。为了挑战好莱坞日趋泛滥的的数字文化，艺术墙故意采用1472像素×20像素的低分辨率雕塑画布，将首次推出The Webster委托定制的艺术作品。

学生宿舍：
纯粹的欢乐！

格拉纳达19世纪的两栋建筑已经从家庭别墅摇身变为大学集体宿舍。设计师马丁·莱贾拉加（Martin Lejarraga）的巧妙设计，让过往和当前和谐共生。

两块体量的非典型性建筑由一条隧道和共有的历史、文化和建筑风格结合为一体。设计师在把这座19世纪的空闲几年的私人住宅综合建筑改造成89名大学生住所时，塑造、保留并保护了某些必要的元素。位于西班牙著名城市格拉纳达的Loop Homes Palace学生宿舍现在是过去和未来的完美交会地，个性独特、辨识度高。在这里，新与旧身份迥异，却又快乐共处。事实上，尽管设计师本人不愿意使用标签，但是快乐似乎的确是这个项目的风格特征。"我们的风格是没有风格的。按照既定逻辑进行创作实在是过于局限。每个项目都要考虑具体客户的实际要求，而且也要考虑必需品和环境的不同。"设计师说。整体设计小心翼翼地恢复了主空间、小教堂、沙龙和庭院，这样就可以延续其原有的本质形象。2倍和3倍高度的庭院非常雄伟，与其他空间一样，做了新饰面并配备了定制家具，细节完善、功能灵活、引人关注。自然光和人工光交替，调节了室内外之间的关系。已彻底改造了的

所有者/酒店运营商 Owner & Hotel operator:
RYA Residencias
总承办商 Main Contractor:
Renovatio Consruccion y Desarrollo
管理 Management: PM Arquitectura y Gestión
建筑设计/室内设计 Architecture & Interior design:
Martin Lejarraga Architecture Office
照明设计 Lighting design: Faro, Martin Lejarraga
Architecture Office, Secom
装饰 Furnishings: Inclass, Sancal, on design by
Martin Lejarraga Architecture Office
厨房 Kitchens: on design by Martin Lejarraga
Architecture Office
灯光 Lighting: Electricidad Salvador Perez
浴室 Bathrooms: Joanvebaño, Oficrisa
墙壁 Walls: Caimboplad

· · · · · · · · ·

作者 Author: Manuela Di Mari
图片版权 Photo credits: David Frutos

宿舍达到了今天的标准。可容纳1~4人的卧室都是单独开发的，隔墙减至最小，功能得以优化。"房间不仅舒适而且富有差异化，每个学生都感觉宾至如归。"设计师解释称他们研究了各个方面，设计了床和其他部件，这样就可以最大限度地利用空间。在整个建筑中，家具发挥着决定性的作用，功能和形式俱佳，这也是因为莱贾拉加的定制作品有时会重新诠释原始建筑的经典特征。"设计家具和照明能让我们感受到整个创作过程。它们是整体的基础部分。对于Loop Homes Palace而言，我们创造的家具有趣、现代又多彩，这些家具很好地融合了现有建筑和某些已被保护的原创作品之间的关系。我们想要创造一个充满生命的空间，一个让大家感到特别的充满着活力的空间。" 马丁·莱贾拉加总结道。

医美诊所的空间设计契合美容研究中"对称平衡"的概念。美容界认为面孔的对称会使人更加富有吸引力。空间设计也以此为出发点。泰国当代艺术家和摄影师与医生和设计师密切合作，共同诠释医疗之美，

讲述"艺术、美容与手术"的故事。

RSY 38m EXP探险游艇的钢铝结构已经完成，并完成95%的焊接，70%的管道，30%的电气和15%的木工工作。游艇将按计划于明年交付给它的欧洲客户。

© Maria Rovatti Studiload - Courtesy of Rosetti Superyachts

设计师谢尔盖·马赫诺声称："地下房屋概念B是个自治住宅，为客户提供15米深度的短途旅行，而且舒适度和设备方面完全可与地上住宅媲美。"

NEW CLASSIC INTERIORS

Interior LA BELLE VIE

ANGELO
CAPPELLINI

文艺复兴和突如其来的未来

这是一个设计与创造文化和关心社会相一致的实例。整体设计以东方元素为纽带，把过往与未来联结在一起，渗透历史的真实，同时创造幸福的安宁。

———— 条通过米兰运河区的直线可以把佛罗伦萨和台北连接起来。而交换点正是Spagnulo&Partners公司。这是一家建筑和室内设计工作室，创始人和负责人均为Federico Spagnulo。现在他的办公桌上摆放着他和他的合作者的两个项目作品（并不一定是因为它们的规模），如果疫情好转，这两个项目也将在2021年真正问世。虽然是两个截然不同的项目，但都具有丰富的内容。第一个项目着眼于历史，第二个项目则专注于社会化，建筑和室内设计交织在一起，讲述着过往和未来，令人激动不已。Federico Spagnulo对项目进行了全面诠释。

作者: *Matteo De Bartolomeis*
项目图片: *Render by Visoo (www.visoo.co.za)*
Image by Alessandra Carbone (Spagnulo & Partners)

我们按时间顺序，从佛罗伦萨开始如何？

当然可以！几年前，我们参与重新设计波蒂纳里·萨尔维亚蒂宫（Palazzo Portinari Salviati）的比赛并最终胜出。自文艺复兴以来，波蒂纳里·萨尔维亚蒂宫便是佛罗伦萨的象征之一，它集中了历史和艺术，吸引着教皇、画家、雕塑家和君主前来参观膜拜。秕糠学院创始人莱昂纳多·萨尔维亚蒂和意大利诗人但丁·阿利吉耶里所钟爱的女神贝娅特丽斯·波蒂纳里的家族自14世纪以来一直是佛罗伦萨，甚至是意大利历史的主角。

波蒂纳里·萨尔维亚蒂宫是前托斯卡纳银行的总部，与Duomo教堂仅200米的距离。

招标时我们就知道这个重建项目要求打造具有时代感的豪华旅馆、超豪华公寓、地上商店、地下水疗中心和星级餐厅（因为这里有最杰出的厨师），但同时还要绝对尊重这个地方及其历史。

业主是谁？

客户是台北的LDC云朗观光集团，它是世界第三大水泥生产商，但在酒店业务方面具有丰富的经验，其管理的范围涵盖威尼斯的维纳特宫（Venart）、罗马的A.Roma酒店和约克别墅（Villa York），以及翁布里亚和托斯卡纳的其他规模较小的罗莱夏朵（relais&chateaux）酒店，还有中国台湾地区和中国大陆等许多地方的酒店。他们不仅购买了这栋楼，而且对它的想法一直非常清晰，也不必担心短期的投资回报。

怎样才能赢得这种比赛？

这当然需要花费很多气力：我们工作室在这个项目上倾注了整整一个月的精力。我们选择的不是一个室内设计项目，而是对一个地方从起源开始的叙述。但丁的初恋贝娅特丽斯是窗帘的装饰主题，而细分空间的许多面板（你甚至看不到墙壁，一切都受遗产管理局的保护）实际是带有15世纪艺术文化细节的拼图。即使是现代作品也要考虑这个地方的文艺复兴精神。这里有阿利桑得欧·阿楼瑞（Alessandro Allori）的油画，而皇帝的庭院（Courtyard of the Emperors）和主楼层（Piano Nobile）的画廊壁画充满寓意。但最吸引人的还是那些作坊：画廊、桌子、大理石制品、织物、镶板，就像700年前的室内装饰一样。客户莅临，选择，然后施工。客户喜欢我们的项目，所以自然也就选择了我们工作室。

全靠你们自己？进展如何？

我们有两个合作伙伴。一个是Esa Engineering公司，它主要负责物理设备系统、屋顶和自动地下停车场，现在，在外部空间和中心竞标之后，我们团队又增加了CEV Architetura e Ingegneria公司。现在家具、固定装置和设备的竞标开始了，来自乌菲齐美术馆的一位修复专家正在研究修复这些壁画。这非常复杂，需要非常高的水平，我从来没有见过这么多的专业人员集中在一个项目上。项目位于佛罗伦萨市中心，占地面积超过10,500平方米，街道狭窄，工地错综复杂。我们预期到2021年下半年向世人开放。

这个项目很成功，听说业主给您分配了另一个完全不同的工作？

实际情况是这样的。我们受聘设计台北的3处总面积11万平方米的新建筑，这是一个融剧院、办公综合楼和垂直农场、水果和蔬菜种植于一体的场所，但同时又是垂直组织，要在60米的街面上建造18层玻璃建筑，将垂直农场与城市和办公空间隔开。垂直温室的另一边是办公室，都位于台北市中心，这是个非凡的装饰工程，令人印象深刻。但远不止这些。第三栋楼提供了最具社会性和趣味性的一面。它位于有公共空间的公园中心，高层的老年住房供老年人使用，下层为年轻租户提供合住单元。公园附近还有剧院。文化、大自然和水果蔬菜生产、办公空间还有小社区，都融合在一起，这是一种社会状态，也是个全新的开拓性的建筑方法。复杂性是建筑的主题。这个台湾地区的地产项目反映出一种全新的城市规划、建筑和室内设计的思维方式，具有非常先进的标准和360度的概念视野。除却美丽抑或丑陋的形式，社会主题才是中心，而它涉及的复杂性则是一个永恒的讨论主题。

致敬 Art Deco
装饰艺术

该项目位于迈阿密阳光岛滩（Sunny Isles Beach），是 Armani/Casa Interior Design Studio 设计工作室在美国设计的首家同时也是全球规模最大的项目。设计把乔治·阿玛尼（Giorgio Armani）先生的灵感和在城市中具有强烈影响力的 Art Deco 装饰艺术运动表达得淋漓尽致。

这是 Armani/Casa Interior Design Studio 设计工作室为美国设计的第一个项目，也是迄今为止其设计并完成的最大项目：这套公寓位于迈阿密阳光岛滩巴尔港（Bal Harbour）以北的海滨，60 层的塔楼拥有 260 套豪华住宅、公共区域和便利设施设计，令人叹为观止。"Armani/Casa Interior Design Studio 设计工作室的诞生是因为我希望能够在室内空间见证我的设计美学。"乔治·阿玛尼先生说。"在这个项目

所有者/开发人员 Owner & Developer:
Dezer Development and The Related Group
建筑设计 Architectural design:
Pelli Clarke Pelli, Sieger Suarez Architects
室内设计 Interior design:
Armani/Casa Interior Design Studio
风景园林设计 Landscape architecture: Enzo Enea
装饰 Furnishings: Armani/Casa, Armani/Dada,
Armani/Roca, Artefacto
艺术/雕塑 Art/Sculptures:
Curated by Sandro Chia and Sinisa Kukec
....
作者 Author: Francesca Gugliotta
图片版权 Photo credits: Federica Bottoli

中，我们有机会与西萨·佩里（César Pelli）这样
的天才建筑师合作，我们有机会创造出特别的、非凡
的、充满现代优雅精神的生活空间。""项目核心经
过大量的调研，位置环境都做了充分考量，这样做一
方面是为了保持品牌形象，另一方面是能够让设计
体现出对地方的尊重和整体的一致。"在这种情况
下，"迈阿密的灯光和色彩，迈阿密传统的装饰艺术
风格，就越发显示出重要性。房间的结构和家具增
添了许多曲线。空间内柔和的线条、纯粹的几何结
构，流畅和谐。"经常重复出现的曲线，如阿玛尼所
言，"弯曲的体量与更纯净、更清晰的几何形状经常
交替出现。这就巧妙地把各个房间和专门设计的家具
联结在一起。涂层亚麻布和珍贵的漆器，既是意大利
工艺和专业知识的典范，又让人联想到装饰艺术的复
杂材料。同时，这一时期典型的沙绿色纹理被改造
成当代风格，装饰性的金属细节熠熠生辉，休息室
大沙发和壁纸等家具形态一览无余。"阿玛尼艺术
公寓是Armani/Casa Interior Design Studio设计
工作室、Dezer Development地产开发公司和The
Related集团之间的合作结晶。Dezer Development

地产开发公司总裁吉尔·德泽（Gil Dezer）解释道，"该建筑拥有私人高速电梯、宽敞的私人阳台、室外夏季厨房、阿玛尼私人会所（Armani Private Lounge）、高级餐厅、雪茄房、酒窖、恒温游泳池、面向海洋的健身中心、带室内外治疗室的两层水疗中心、电影院和娱乐室以及近100米长的私人海滩专属设施。我们喜欢和志同道合的品牌联手。这样做的好处是能够创造出和主流品牌相比有所不同的排他性。阿玛尼是个很好的例子。作为全球品牌，它有特定的、永恒的风格，不会过时，不能复制。作为和室内设计合作的开发商，意味着公寓必然会吸引到时尚、奢华和精致的买家。合作激发最佳创意，对双方来说都是双赢的。"

静思空灵

京都安缦距离著名的金阁寺(Kinkaku-ji Temple)不远，但又远离城市的喧嚣，既秉承传统日式建筑的简约协调，亦使这一组当代建筑与所处园林融为一体。

所有者 Owner: Chartered Group
酒店运营商 Hotel operator: Aman
建筑设计/室内设计 Architecture & Interior design:
Kerry Hill Architects
装饰 Furnishings: custom design
....
作者 Author: Antonella Mazzola
图片版权 Photo credits: courtesy of Aman Kyoto

度假村远离现代的霓虹灯和混凝土，如世外桃源，寂静宁和。这是日本的第三处安缦酒店，占地320,000平方米，绿树掩映，溪水潺潺，雪松和枫树遍布台阶两侧，苔藓小径如紫陌绿洲。Kerry Hill建筑师事务所的设计不仅展现出视觉上的愉悦，而且把酒店改造成构图主题，体现了地方的传统和智慧，又带有禅宗色彩的极简主义。花园设计巧妙，通过现场众多隐藏的洞穴和水隧道自行灌溉雨水。度假村共有六大楼阁，包括24间客房和2间总统套房。酒店的线性设计、光线处理、自然纹理和工艺技巧都体现出日本元素，把安缦酒店的特质表现得淋漓尽致；传统的日式风格富有现代感，同时也展现出古老的好客文化。全高窗户，豪华明亮，精选家具，平和放松：地板上的榻榻米垫子，精心挑选的物什，艺术家酒井裕二（Sakai Yuji）的羊皮纸作品，陶艺艺术家寺田铁平（Terada Teppei）的清酒容器作品被用作沿墙壁龛中的花瓶，别具匠心。酒店最高耸静僻的庭阁是鹫峰阁（Washigamine）和鹰峰套房（Takagamine），名称取自周围的山脉。枫林之中有两间卧室和私人浴室，独立的起居和就餐区，榻榻米房，面积超过200平方米，风景一览无余。

Ofuro大浴缸使用地产扁柏木制成。芒（Suzuki）、楢（Nara）、枫（Kaede）和萤（Hotaru）4个庭阁也采用此类型浴缸，面积为60平方米，景色同样令人叹为观止。安缦水疗中心使用罕见的地下天然泉水，日式温泉体验，充满仪式感。用餐阁（Living Pavilion）是欢乐的休息室，中央壁炉和正对禅宗花园的窗户模糊了室内外的界限，并通向鹰庵（Taka-an）餐厅。当地工匠手工制作的乐烧（Raku）烧制技术瓷砖面板增强了庭阁的气势，而餐厅采用的是定制的Shigeo Yoshimura瓷砖，和中性色调配合完美。

家庭旅馆，一个复杂的新酒店概念

The Levee酒店崛起于一座历史悠久的别墅，拥有8个豪华无瑕的公寓。改造时，通过在外部增加立方体体量，用现代语言更新了特拉维夫惯有的折衷主义，内部设计则由雅尔·西索（Yael Siso）完成。

The Leeve酒店于2019年3月在以色列特拉维夫（Tel Aviv）风景如画的内夫特泽德克（Neve Tzedeck）区开放。这是家直观却又彰显身份的一家酒店。有人称之为精品酒店，还有人称之为"家庭旅馆（Home-tel.）"，这些"高端、全方位服务的公寓"目前尚无更好的类别划分。曾是在犹太复国主义先驱家庭最初购买的地块建造的一栋楼宇给了The Levee酒店以灵感，成就了特拉维夫沙土上的新酒店。这既是创新，也是个奇怪的转折点。1913年，这里是古尔维蒂奇（Gurevitch）别墅，共两层，是以大窗户、百叶窗和栏杆为代表的折衷主义建筑风格。在新世纪，经Bar Orian建筑师事务所进行超现代扩建后，现在成为一个混搭建筑。这不仅符合美学特点，也符合时代精神和建筑所赋予的形式自由的思想：经过精心修复的建筑增加了3层，其中两层从中央往后缩进一小部分，并用金属结构覆盖，第3层则包括其他房间、花园和室外空间。然而，租赁公寓毕竟和真正的住宅有所不同，装修和舒适性都要更高级，而且还提供24小时礼宾服务，床上用品则是世界久负盛名的埃及长绒棉。这8个公寓，虽然大小不一，装潢各异，但都无一例外无可挑剔。房间具有高举架的

天花板，阁楼周围全高大窗户也保证了充足的自然光线。以色列的雅尔·西索负责室内设计，他遵循外部的复合范式，并运用意大利制造（Made in Italy）的现代主义作品，将工业风与精致的美学完美地结合起来。未经处理的水泥墙、板状混凝土天花板等都是对建筑最初结构的致敬。百年混凝土中的某些地方甚至还可以见到贝壳碎片的蛛丝马迹，充分证明曾经使用以色列海岸的沙子作为建筑材料。如果说工业风体现的是特拉维夫充满活力的过往，那么现代的装饰、暖色调木头地板、当代家具、大理石、天鹅绒以及强调空间几何的极简主义照明设备，都是在拥抱永不过时的城市的现在。在8号公寓两层280平方米的顶楼套房中，设计者创新性地使用室内变暗系统技术创造阴影遮阳，却又不妨碍下榻于此的客人尽情欣赏城市和地中海无与伦比的佳境美景。

创始人 **Founders**: Hadar Ben Dov, Golan Tambor
建筑设计 **Architecture**: Bar Orian Architects
室内设计 **Interior design**: Yael Siso
装饰/灯光 *Furnishings & Lighting*: Baxter, Bonaldo, Cassina, Kristalia, Linie Design, Minotti, Molteni, Moooi, Moroso, Nanimarquina, Paola Lenti, Saba Italia
• • • • • • • •
作者 *Author*: Antonella Mazzola
图片版权 *Photo credits*: Sivan Askayo, Amit Geron

加州休闲风

时尚的凯莉·韦斯特勒（Kelly Wearstler），时尚的**Proper**集团圣莫尼卡酒店（Hotel Santa Monica）。

圣莫尼卡位于洛杉矶西部边缘，是个拥有独特创新精神和历史的海滨社区。圣莫尼卡酒店把这两种传统很好地结合在一起。威尔希尔大道（Wilshire Boulevard）和第七街（7th Street）的拐角处矗立着一座建于1928年的地标性建筑，原由建筑师亚瑟·E.哈维（Arthur E.Harvey）以西班牙殖民复兴风格设计，非常华丽。一楼的Onda餐厅，由来自洛杉矶Sqirl的名厨杰西卡·科斯洛（Jessica Koslow）和墨西哥城Contramar餐厅的加布里埃拉·卡马拉（Gabriela Kamara）共同打造。餐厅的菜单和设计，也细腻地表达了这一跨文化的合作。设计师有意将餐厅内部设计得较为疏离，并配备当代艺术和陈设以及古色古香的家具，引人注目。在第七街，离十字路口几步远就是一座很突出的玻璃钢建筑。与20世纪20年代所建的圣莫尼卡酒店风格迥异，对比鲜明。酒店拥有271间客房和套房，设施充足便利，由跨界女王凯莉·韦斯特勒设计，于2019年夏季开业，时髦豪华。大厅本身看起来就像是当代洛杉矶设计师和当地艺术家的名录，包括本·梅丹斯基（Ben Medansky）和坦尼娅·阿吉尼加（Tanya Aguiñiga）的原创艺术品，以及充满乡土气息、丰富的纹理和图案的复古精品。

韦斯特勒的作品把加利福尼亚州经典的休闲风情酷酷地表达出来；折衷主义中又带着波希米亚的戏谑，同时又自带优雅。（这也展示了设计师审美观的改变。设计师2002年设计的两千米外的总督酒店具有鲜明的好莱坞摄政风格内饰。）陶土、藤条、皮革和富饶的木材等材料的多变色彩亲切而生动。设计师还特别关注了较小区域和角落的细节和视觉，为聊天对话提供了良好的场所。从去年夏天的现代建筑开始，圣莫尼卡酒店分阶段与世人见面。外地客人和当地人都可莅临体验酒店的公共场所，包括Onda餐厅、帕尔马（Palma）大堂酒廊、屋顶游泳池、卡拉布拉（Calabra）酒吧和餐厅。圣莫尼卡酒店的Surya水疗中心面积达278.71平方米，采用阿育吠陀（Ayurvedic）疗法供人体验。还有大约2229.67平方米的会议空间。继圣莫尼卡酒店及位于旧金山2017年竣工的姊妹酒店后，该品牌正在继续进行针对性扩张。共有244间客房和套房以及99套待售住宅的奥斯汀Proper酒店已经开业。2020年夏，集团重新规划了南百老汇的历史建筑，拥有148间客房的洛杉矶市中心的Downtown Los Angeles Proper Hotel业已开张。

所有者 Owner: Proper Hospitality
开发人员/主承包商 Developer & Primary Contractor:
The KOR Group
酒店运营商 Hotel operator: Proper Hotels
建筑设计 Architecture: Howard Laks Architects
室内设计 Interior design: Kelly Wearstler
装饰 Furnishings: Kelly Wearstler's own work,
one-off vintage pieces
作品 Artwork: Tanya Aguiñiga,
Ben Medansky, Morgan Peck
. . . .
作者 Author: Jessica Ritz
图片版权 Photo credits: The Ingalls, Design Hotels™

视觉冲击

为员工提供"全球最好工作场所"的阿迪达斯竞技场（**Adidas Arena**）在德国黑措根奥拉赫（Herzogenaurach）世界体育（World of Sports）园区内全新亮相。

1999年在一个前美国军事基地的旧址上，阿迪达斯世界体育园区破土动工。而斯图加特贝尼希建筑设计公司（Behnisch Architekten）设计的ARENA竞技场，为园区增添了崭新的一页。设计师在通透空间、室外景观和现代办公理念间寻求最佳的平衡点。占地5.2万平方米的新办公楼是个高度灵活的有机结构，可供2000名员工办公。大楼坐落在小山上，一楼与地形契合，公共入口通向宽敞明亮的中庭，适合举办各种活动。之上的3层办公空间坐落在倾斜钢塔的树状结构上，似乎在空中飘浮。特殊的遮阳控制系统，具有吸人眼球的穿孔金属图案，同时又很好地隐藏了内部组织。竞技场中庭楼梯类似埃舍尔（Escher）的错觉图形，在大厅漂浮，并通向3层办公空间。通往中央大厅的道路是单色的，混凝土地板突出展现了访客流通系统（慢车道）和员工流通系统（快车道）之间的区别。里面的6个"重点城市"模块各以特殊的材料、颜色和家具为特色。展现加利福尼亚州蓝天的

所有者 Owner: Adidas
总承办商 Main Contractor: Ed. Züblin
建筑设计/室内设计 Architecture & Interior design:
Behnisch Architekten
景观设计 Landscape design:
Lola landscape architects
幕墙 Curtainwall: Schüco International
结构工程设计 Structural Engineering: Werner Sobek
立面设计 Facade: KuB Fassadentechnik, Schwarzach
天花 Ceilings: Lindner Group, Pagolux Interieur
专业照明设计 Lighting Design Special Areas:
Bartenbach
厨房设计 Kitchen Design: Soda Project &Design
内饰件 Interior fittings:
Ganter Interior, Konrad Knoblauch
室内解决方案 Room-in-Room Solutions:
Renz System Komplett Ausbau
品牌形象顾问 Signage, graphics: Ockert und Partner
百叶窗 Shades: Warema Renkhoff
电梯 Elevator: Schindler Aufzüge und Fahrtreppen
楼面料 Floor covering: CBL Chemobau
Industrieboden, Desso, Findeisen, Gerflor Mipolam,
Kährs Parkett Deutschland & Co., Tarkett Holding
门 Doors: Best of Steel, Bos, Geze,
Neuform Türenwerk Hans Glock & Co.
. . . .
作者 Author: Francisco Marea
图片版权 Photo credits: David Matthiessen,
courtesy of Behnisch Architekten

是"洛杉矶"，以蓝色工作箱、储物柜、墙面和覆盖物，再加上天花板部件等为代表。以红色覆盖物和窗帘为代表的是工作气息浓郁的"伦敦"。"东京"呈现出与黑色形成对比的樱花白，精致乖巧。"纽约"以黄色为主色，金属的使用也赋予其

工业风。发光的城市"上海"通过霓虹灯呈现出橙色，而"巴黎"呈现的是其地铁常见的绿色。楼层中的工作区和会议室交错，光井周围的休闲区自然明亮。阿迪达斯竞技场能效卓越并大量使用可回收材料，因此也获得了LEED绿色建筑的金级认证。

虚空间的启示

Palazzo Daniele酒店既有极简主义风格，又兼具19世纪的艺术辉煌。这是在同名家族的贵族住宅中创建的艺术宾馆。是意大利Palomba Serafini Associati设计工作室的项目。

这座庄严的宫殿最初建于意大利重新统一的1861年，采用新古典主义风格，拥有一系列庭院和郁郁葱葱的地中海式景观，由当地著名的建筑师Domenico Malinconico负责设计建造。酒店位于普利亚（Puglia）一处静谧的小镇，因为未受传统旅游的影响，这里的环境仍保持着真实的历史形态。在加利亚诺·德尔卡波（Gagliano del Capo），陆地尽头即是海洋起点，目光所及，大美之境。在这本充满物质文化和彰显家族身份的所在地，宫殿继承者兼艺术慈善家弗朗西斯科·佩特鲁奇（Francesco Petrucci）和他的朋友加布里埃尔·萨利尼（Gabriele Salini）决定向艺术爱好者和游客敞开大门，以能够满足当代人所有的需求作为酒店理念，而且包括特定的项目。总部位于米兰的Ludovica+Roberto Palomba建筑师事务所的两位设计师进行了建筑修复和重组，他们专注于美学和象征性的净化，通过减法隐喻虚空的本质，唤醒人的情

感，激发到此朝圣的艺术家的创作冲动。正如建筑师们所解释的，"翻新的宗旨是要强调超然的主题，无人侵扰的空间，不再密集的虚空，不受性质和功能的限制，让人沉浸在与日常居住家具相关联的原始美学中。重新定义的功能性装饰元素和展出的艺术品之间的对话，尽显虚空间的神圣。"建筑前侧豪华的生活区面积很大，现在是宽敞壮观的共享展示空间，而建筑后侧有9间不同的套房，正对光影斑驳的室外游泳池，旁边是小橘园和莱切石（Lecce Stone）庭院。仿佛时间见证者的裸露墙壁，把原有拱形天花板壁画和原始地板马赛克地砖彰显得更加宏伟。而修道院般几乎没有装修的空间增强了原有家庭肖像、当代作品以及游走在艺术和设计之间的装置的视觉冲击力和表现力。由Simon d'Exea设计的灯箱，Luigi Presicci灯具、Nicolas Party凳子、罗伯托·库奥奇（Roberto Cuoghi）的雕塑作品,Cludio Abate拍摄的皮诺·帕斯卡里（Pino Pascali）肖像，爱娃·若斯潘（Eva Jospin）的花环，卡拉·阿卡迪（Carla Accardi）的平版印刷作品等，可以满足功能的需要，同时发挥装饰作用。在Royal Junior Suite套房浴室中的花洒，水从6米高的天花板落下，落到由意大利艺术家Andrea Sala设计的水池上，堪称艺术装置。边上则是Ceramica Flaminia的双洗脸台。

所有者 Owners: Gabriele Salini
and Francesco Petrucci
酒店运营商 Hotel operator: GS Collection
建筑设计 Architectural design:
Domenico Malinconico (19th century)
修复和室内设计 Restoration and interior design:
Palomba Serafini Associati
装饰 Furnishings: vintage or custom pieces;
Driade, Pomodone
灯光 Lighting: Flos, Ikea, Pallucco
浴室 Bathrooms: Flaminia, Zucchetti
厨房 Kitchen: Elmar
• • • • • • • •
作者 Author: Antonella Mazzola
图片版权 Photo credits: Renée Kemps

精彩照片 **WONDER.** 中国西安 | 融创·曲江印现代艺术中心 | 香港郑中设计事务所

在古都西安，融创·曲江印现代艺术中心就像巨大的漂浮水晶"礼盒"，现代而时尚。建筑师打破了建筑、景观和室内的界限，在巨大的空间体量中注入纯净和张力，创造出融合了未来、当代和艺术特色

的体验式空间。

4Mariani

VIVA®

COMO

门板厚度 58毫米，可按客户需求定制。

VIVA 展所在城市：
米兰 | 都灵 | 佛罗伦萨 | 那不勒斯 | 纽约 | 洛杉矶 | 迈阿密 | 休斯顿 | 达拉斯 | 芝加哥 | 伦敦 | 哥本哈根| 哥德堡 | 阿姆斯特丹 | 布拉
马贝拉 | 巴塞罗那 | 卢加诺 | 维也纳 | 特拉维夫 | 布加勒斯特 | 伊斯坦布尔 | 圣彼得堡 | 莫斯科 | 北京 | 上海 | 香港 | 吉达 | 悉尼

Shanghai Casajolie Co., Ltd
地址：上海市黄浦区太仓路233号新茂大厦10层1007室   电话: +86 21 64698229   邮箱: info@casajolie.com

100% 意大利制造

VIVAPORTE.CO

精选内容
Monitor

对主要国际项目的广泛看法

巴黎 | 露西娅酒店（HOTEL LUTETIA）| 玻托那福劳（POLTRONA FRAU）家具

露西娅酒店位于巴黎市中心，位置优越。建筑师让-米歇尔·威尔莫特（Jean-Michel Wilmotte）对酒店进行翻修。历经4年后，这家著名的也是左岸（Rive Gauche）唯一一家的豪华酒店，再一次盛装登场，欢迎八方宾客。家具包括Pelle Frau®桉树漆实心胡桃木桌椅、大型扶手椅和藤椅以及覆盖织物的长躺椅。套房内布置着不同珍贵布料的定制沙发。每把定制扶手椅的内壳覆盖着精细的织物，而外壳采用对比缝线的加厚皮革靠垫。玻托那福劳制造的定制家具由设计师让-米歇尔·威尔莫特和他的设计工作室Wilmotte&Industries设计。此外，酒店内摆放着玻托那福劳品牌标志性的8张由品牌创始人Renzo Frau设计的Chester沙发和设计大师Gio Ponti的10张Dezza扶手椅，向宾客传达出品牌对优质材料、专家工艺和舒适的笃信和热爱。

图片 © 露西娅酒店提供

纽约 | SOHO TOWNHOUSE联排别墅 | POLIFORM

联排别墅位于SOHO的中心地带，是由Joseph Vance Architects建筑师事务所对一座典型的纽约建筑进行的翻新作品。该别墅原为美国艺术大师Philip & Kelvin LaVerne的工作室，现配备了室内和室外游泳池、带绿色草地的露台、健身房和健身中心、家庭影院和酒窖等设施，令人垂涎不已。室内既有工业阁楼的魅力，又有家庭景观式的审美平衡和强大功能。清晰明快的空间，优雅的Poliform系列家具，在亲密和欢乐的背景下，打造出专属的社会环境。这座面积超过1000平方米的联排别墅就像一块大"白画布"，个性十足。位于意大利小镇Brianza的Poliform系列家具成为这里的主角，彰显着强烈却又谨慎的身份特征。

图片 © Federica Carlet

瑞士蒙特勒（MONTREUX）| LE BELLEVUE 餐厅 | 意大利PEDRALI家具

蒙特勒的Le Bellevue餐厅是格里昂酒店管理学院（Glion Institute）的瑰宝，它的名字来源于这座19世纪建筑中的原酒店，酒店的翻新由米歇尔·吉奎尔（Michel Gicquel）和娜塔莎·弗罗格（Natacha Froger）两位设计师完成。这家餐厅位于日内瓦湖畔一处很特别的位置。融合现代细节和保留原始镶板的设计家具反映出美好年代（Belle Époque）特有的温暖和优雅。餐厅的湖景透过大窗户映入眼帘，而Pedrali座椅为蜿蜒的柔性空间增添了无尽的吸引力。餐厅中的Ester系列座椅由法国设计师帕特里克·乔安（Patrick Jouin）操刀设计，而同一系列的凳子则成为酒吧中的重要装饰因素。

美国迈阿密 | 丽思卡尔顿公寓
BOFFI橱柜、浴室 | 意大利
DE PADOVA家具

丽思卡尔顿公寓位于迈阿密，拥有120间豪华住宅的公寓布局具有鲜明的特色和比例，周围植被茂盛，并可直视海滨全景。定制的Boffi橱柜在室内设计中占据主导地位，既强调了实用性，又和客厅形成完美互动。材料的颜色简单有力，具有光泽的白色与高端大气的黑色顶部以及核桃木台面和格架的温暖色调形成鲜明对比。

图片 © 马可·佩特里尼（Marco Petrini），
版权归佩特里尼工作室（Petrinistudio）所有

摩纳哥蒙特卡洛 | 私人住宅 | RES门窗

这座1970年代建造的住宅楼由设计师Matteo Piras进行翻新，设计基于自然的材料和颜色，并借用当代的方式进行全新诠释，细节突出。住宅相互连接的明亮空间表面共有4种不同色调。通道和卧室使用卡纳莱托胡桃木Doga镶板。生活区的镶板以Emperador Grey大理石悬浮元素为要件，非常少见。铝合金热反射玻璃推拉门后为厨房，而浴室是卡纳莱托胡桃木饰面，摆放着定制物品。

图片 © Anna Positano

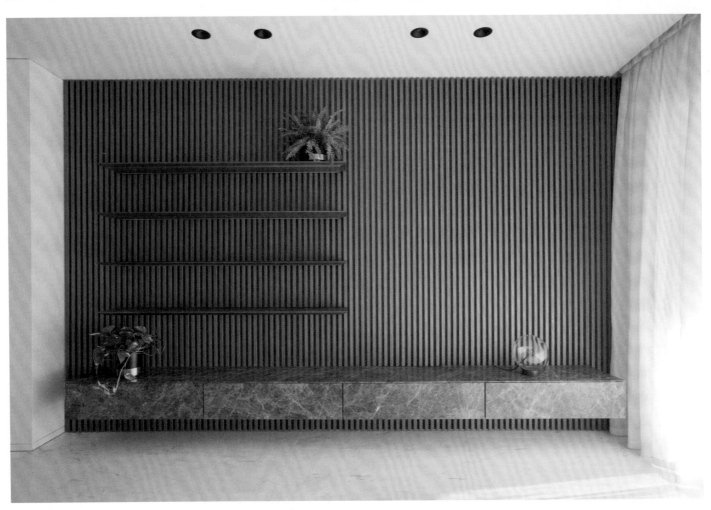

迪拜 | MAREA餐厅 | FLEXFORM家具

纽约著名的米其林二星餐厅Marea由主厨迈克尔·怀特（Michael White）执掌。该餐厅在迪拜新开设的分店专为喜爱美味海鲜的爱好者量身定制。设计师维克托·乌德泽尼加（Viktor Udzenija）是中东地区最精致内饰的创造者，由他打造的内饰私密优雅。具有现代魅力的空间巧妙运用灯光，柔和温暖，角落分明。精致的石墙等精细材料一直延伸到吧台，令人印象深刻。酒吧区采用类似安东尼奥·奇特里奥（Antonio Citterio）为Flexform设计的Morgan凳等意大利品牌家具，细节完美。

西班牙瓦伦西亚 | CASA EN LA CAÑADA | TALENTI家具

Casa en La Cañada是一处封闭的、不受外界影响的，但同时又向花园自然开放的住宅；与材料和清水混凝土制成的白色大屋顶形成鲜明对比的水平维度一直延伸至花园尽头，止步于在游廊边的巨大的悬挑游泳池区域。Casa en La Cañada由Roman Esteve设计。内部采用漆面、烟熏玻璃和混凝土地板，而室外空间则包含了Esteve亲自为Talenti家具设计的Cottage系列椅，通过对当代家具的形式进行合成设定乡村风格的基调。座椅底座较大，高靠背，并由铝或合成带等与更传统的绳索等物和谐融合的材料制成。

图片 © 玛丽拉·阿波罗尼奥（Mariela Apollonio）

中国香港 | 香港瑞吉酒店（ST. REGIS HOTEL）| 意大利JANUS ET CIE家具

香港瑞吉酒店位于湾仔（Wan Chai）滨水区。酒店由傅厚民（André Fu）设计，计27层，熠熠发光。设计师巧妙结合了东方传统、美国历史和个性化服务。妙不可言的豪华大厅，三重高度空间的the Great Room、体验下午茶的the Drawing Room、露台和瑞吉酒吧（St. Regis Bar）等公共区域，无不渗透着奢华。户外区域带有正宗日本花园的诗意品质，家具是由傅厚民与Janus et Cie合作设计的Rock garden系列。柚木椅子和躺椅，浅灰色色调的桌子和纹理化的阿拉巴马陶瓷，精致而富有结构感。

图片来源：© 迈克尔·韦伯摄影工作室（Michael Weber Photography）

德国皮尔纳 | *LAURICHHOF酒店* | **WALL&DECÒ**

皮尔纳是位于萨克森州的一座中世纪村庄，风景秀丽。而酒店位于易北河谷，河流在砂岩山脚下静静流淌。共有27间套房的酒店由业主安妮特·卡特琳·塞德尔（Annette Katrin Seidel）和她的儿子弗朗茨·菲利普（Franz Philip）倾情奉献，内部装修由塞德尔工作室（Seidel Studios）设计。每一间都拥有与众不同的主题，有的房间以波普艺术（Pop Art）为主题，有的则以丛林生活为主题，还有以Palazzo de Medici Renaissance为主题，也有丹麦极简主义风格主题，风格各异。室内的Wall&Decò墙纸设计出自Eva Germani、GioPagani、Lorenzo De Grandi和Debonademeo等设计师和艺术家之手。浴室墙纸采用专门的Wet System防水材料。客房内则采用CWC墙纸。

休斯敦 | *GIORGETTI HOUSTON* | *GIORGETTI*

Giorgetti Houston 是Giorgetti的首个全品牌房地产项目，项目历经4年后竣工。Giorgetti Houston是Giorgetti与德克萨斯州专门从事建筑和室内设计的公司Mirador、美国房地产市场的主要经纪人之一的Douglas Elliman Texas和开发商Stolz&Partners的合作结晶。俯瞰休斯敦上柯比区的整栋建筑的外观线条严谨而简洁，几何形超大窗户在设计上做了有趣的明暗对比游戏。在与这一环境的完美对话中，室内设计简单优雅。住宅共7层，拥有32套精美定制公寓。厨房、客厅和卧室均为Giorgetti系列产品，布局、饰面和装饰解决方案非常具有个性化。卡罗·哥伦布（Carlo Colombo）设计的Drive沙发，卢志荣（Chi Wing Lo）设计的Rea睡床，卡罗·哥伦布设计的Diana椅，真皮框架抽屉，马西莫·斯科拉里（Massimo Scolari）设计的Erasmo办公桌，还有罗塞拉·普格利亚蒂（Rossella Pugliatti）设计的标志性移动椅，精致又经典。超大的露台是一大亮点。Giorgetti的户外系列作品在这里与室内空间形成了一个风格上的统一体，代表作有卢志荣设计的Gea和Ludovica和Roberto Palomba联合设计的Aspara系列。

///////////////////////////////

图片 © Divya Pande

摩洛哥蒙特卡洛 | ONE MONTECARLO综合体
意大利 LEMA家具

One MonteCarlo是一处主要用于住宅的综合体，由总部位于伦敦的Rogers Stirk Harbour+Partners建筑师事务所设计。4BI&Associates建筑师事务所的两位室内设计师Bruno Moinard和Claire Bétaille用当代手法诠释了法属里维埃拉的奢华魅力，Lema定制家具高贵典雅，很好地突出了空间的体积和曲线。这家意大利公司设计了弧形衣柜、壁橱、带有织物和稀有的几何特征的床头板，以及带有木质镶嵌物和黄铜嵌件的内门、大理石框架和配有高科技照明系统的家具元件。Lema的合约定制部还专门定制了整体建筑群中3个大厅的家具。

那不勒斯 | URUBAMBA餐厅
RIFLESSI

在那不勒斯基艾亚的中心地带，设计师马里奥·索伦蒂诺（Mario Sorrentino）和意大利知名品牌Riflessi签署了一个定制家具项目，联手打造一家名为Urubamba的融合餐厅。餐厅整体构思为充满金色细节的蓝盒子，Deco风格突出，把Urubamba餐厅特有的民族风格，别致的氛围和精致的美食彰显得非常突出。设计师和Riflessi曾经有过良好的合作，他们致力于为特定的场合提供定制的作品：枣红和蓝色调的Giò和Perla系列座椅、椅子和凳子的金属底座为金色，与餐厅内的装饰协调统一。Twist系列的7个枝形吊灯也呈金色，明亮大气，而柜台和桌面采用黑色的Laminamfishises noir desir，白色的calacattaoro或蓝色的fluidosolidoblu台面，色彩鲜艳明亮。

图片 © Marco Baldassarre

美国芝加哥 | 扎卡里酒店（HOTEL ZACHARY）| 意大利BROSS家具

跨过扎卡里酒店的门槛就像是在时光隧道中穿梭旅行。这是斯坦泰壳建筑事务所（Stantec Architecture）与Studio K Creative建筑师事务所合作的项目。大厅、共享空间和客房让客人深切体验到芝加哥流派的风采。裸露的砖块、实体植物系统、类似路灯的灯具、切斯特（Chester）沙发和意大利Bross的大型Ned系列椅子，构成令人愉快的复古环境。设计师埃米利奥·纳尼（Emilio Nan-ni）在设计时采用深色山毛榉，外壳采用裸露缝线灰牛皮，使套房更具特色，突出了四星级设施内优雅运动俱乐部的氛围。带腿的桌子、餐具柜、床架和印花等与茶色或米色墙壁形成很鲜明的对比。

///////////////

图片 © David Burk

荷兰席凡宁根（SCHEVENINGEN）| 停车场（CAR PARK）| 意大利TERRATINTA集团（TERRATINTA GROUP）

在席凡宁根的Noordboulevard区有一处可容纳700多辆汽车的不同寻常的3层停车场，它将商业大道、居民花园和Zee-kant海滩和谐地连接起来，创造出令人意想不到的戏剧效果。Bureau voor Stedebouw en Architectuur Wim de Bruijn　BV建筑师事务所是幕后设计师，它选择Terratinta集团旗下Sartoria的Artigiana系列贝壳覆盖墙壁，在白色、天蓝色和蓝色的包络屏中再现了天空和海洋的光影构图。

意大利那不勒斯 | 私人住所
（PRIVATE RESIDENCE）| TM ITALIA橱柜

TM Italia公司由Giacomo和Gabriele Tondi两名工匠于1951年创建，厂址位于阿斯科利·皮切诺(Ascoli Piceno)附近的Marches山，公司可以进行定制化服务。在这个那不勒斯的室内设计项目中，巨大的玻璃隔断将生活区和烹饪区分开，引人注目但又恰如其分。设计师在材料和饰面的选择上也展示了独具的匠心，比如Laminam大理石系的劳伦金（noir desir）石板把厨房和起居室两个空间在风格上进行了统一，并根据客户的要求，把T45系列和抽油烟机都进行了同样的处理，具有珍贵纹理的大理石效果，而且给电视区和壁炉的框架做了镶边。橱柜门、双面隔断和生活区域的模块均采用暖色调的卡纳莱托胡桃木。楼梯下的书柜同样采用卡纳莱托胡桃木，呈三角形，采用开放式隔间和推拉式门，设计精巧，节省空间。

图片 © Matteo Rossi

荷兰阿姆斯特丹 | 欧洲药品管理局办公大楼（EMA OFFICES）| 意大利莱芬瓷砖（CERAMICHE REFIN）

欧洲药品管理局（EMA）新办公大楼位于荷兰阿姆斯特丹，这是荷兰Dura Vermeer工程公司和Heijmans建筑服务公司与EMA的合作结晶。办公大楼提供1300个工作岗位，由荷兰中央政府房地产公司（Dutch Central Government Real Estate Agency）的建筑师福克·范迪克（Fokke van Dijk）与MVSA建筑师事务所和Fokkema&Partners建筑师事务所合作设计，每年都会举办数百场有制药行业专家参与的会议。室内的莱芬瓷砖以源自比利时的Pierre Bleue强烈的深色色调为基础，采用Blue Emotion（蓝色情感）系列中的Scié和Flammé饰面。不同类型的工艺给人营造出冷静的感觉，但并非无菌的那种寒冷感。质量、清洁、强度和舒适融为一体。

图片 © 巴斯蒂亚恩（Corné Bastiaansen），罗布·阿克特（Rob Acket）

希腊雅典 | 四季阿斯蒂尔宫酒店的ARION酒店（FOUR SEASONS ASTIR PALACE ARION）LINEA LIGHT GROUP设计公司

拥有大套房的Arion酒店是希腊雅典四季阿斯蒂尔宫酒店的健康圣殿。重建的Arion酒店的设计理念是基于希波克拉底的教义，把周围的自然环境、高级餐厅、私人海滩和水疗中心进行了完美结合。技术照明项目依托Linea Light Group的室内外解决方案，由Lighting Design International工作室完成，增强了放松氛围。大厅、土耳其浴室、桑拿浴室和游泳池选用Rubber Side_Bend顶弯系列、发光均匀的LED灯带和带有能够与空间轮廓相匹配的黏合电路的PU_C灯带。除Orma上照灯外，外部区域还配备水下看不见的Suelo Underwater和Myia贴花，这种装饰的三角形状很适应立面的棱角结构。

图片 © 加夫里·帕帕迪奥蒂斯（Gavriil Papadiotis）

米兰 | 博科尼大学校园
ALIAS家具

由日本SANAA建筑师事务所设计的米兰博科尼大学校园的新校区线条柔美，色彩通透。建筑群整体呈现出开放性的概念，内部则复制了立面的轻巧的高科技风格，演讲厅和会议室中由阿尔贝托·梅达（Alberto Meda）设计的Alias家族的标志性框架（Frame）座椅更是为这一风格增光添彩。该系列为挤压铝结构，并采用灰色混合PVC网制成，以其舒适和永恒的设计而引人注目。大框架（Big Frame）折叠椅和五辐底座带轮子的滚动框架(Rolling Frame)系列主要用于行政场所和硕士课的讲堂。会议室采用中央底座连接在地板上的特殊版本的滚动框架椅。

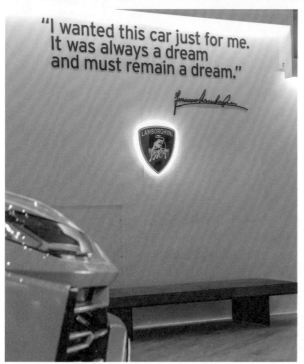

意大利切尔沃港（PORTO CERVO）| 兰博基尼汽车 | LIVING DIVANI

Living Divani家具空降切尔沃港，对兰博基尼汽车休息室进行个性化设置。装饰均采用最畅销和最新产品，代表了Living Divani家具产品的纯粹性。产品具体包括来自Agra家族的沙发和扶手椅，西班牙设计师David Lopez Quincoces设计的Track长椅，意大利设计师皮埃尔·里梭尼（Piero Lissoni）设计的Floyd座椅系统，还有一个带有充足坐垫和实用的内置桌面的自由构图平台，以及法国设计师Arik Levy设计的深色混凝土效果涂层饰面的Wedge桌，周围则环绕着Giopato&Coombes的Grace系列椅。这两个品牌对研究和创新拥有共同的热情：在Living Divani更具实验性的创作中，Mist-o创意工作室设计的充满空间和空白区域的平衡Inari控制台和碳纤维Carbon Frog座椅备受瞩目。这一设计使休息室产生家一样的感觉，并配有由Elisa Ossino工作室为Living Divani策划的地毯和Progetto Styling小型雕塑。

比利时蒙斯（MONS）| PARC SCIENTIFIQUE INITIALIS科技园 | FRANCESCONI ARCHITECTURAL LIGHT建筑照明

前卫的Parc Scientifique Initialis科技园是研究界和商业界的交会点，与瓦隆的两所重要大学蒙斯和鲁汶（Louvain）存在着千丝万缕的关系。园区总面积为259,936平方米，配有1000平方米的模块化商业空间，以及创新创业部门和实验室。工程师亨利克·贝德纳兹（Henryk Bednarz）的照明设计利用Francesconi建筑照明解决方案，不仅强调了建筑材料的技术特点，而且突出了当代建筑严格的几何意义。Tech系列向立面打上漫射光；Line系列聚光灯点亮裸露的石头；Mok系列则照亮了通道和连接空间。

意大利巴里 | LA BIGLIETTERIA餐厅 | KARMAN灯具

Soft Metropolitan Architecture & Landscape Lab工作室设计的La Biglietteria餐厅位于巴里海滨，其前身为Teatro Kursaal剧院。设计师们采用New Deco装饰风格，反映了建筑晚期的自由特征，同时保留现有的巴底格里奥岩地砖、门、拱顶和带有玻璃标志的售票处。灯具使用的是意大利Karman品牌系列。由马特奥·乌戈里尼（Matteo Ugolini）设计的16头Snoob黑色金属枝形吊灯优雅大气，映衬着餐厅的宽拱门和圆形装饰。由劳拉·阿莱西（Laura Alesi）和西尔维娅·布拉科尼（Silvia Braconi）设计的4盏琥珀玻璃Nox吊灯的条纹图案，与下方吧台的图案相互呼应，唯美自然。

比利时安特卫普 | LIT D'ART酒店
意大利 DÉSIRÉE家具

像是百宝箱的安特卫普Lit d'Art酒店坐落于比利时最著名的新艺术主义倡导者之一弗朗斯·斯米特·维哈斯（Frans Smet Verhas）设计的建筑群中。酒店设施优雅，内置海尔曼（Heerman）选择的艺术品和意大利Euromobil集团的Désireée家具。所选家具都是杰出设计师的签名作品，包括马克·萨德勒（Marc Sadler）设计的采用线性设计，名为"可爱的一天（Lovely Day）"的中央沙发，结合了现代感与20世纪50年代品味的Koster椅；Jai Jalan设计的轻巧、动感的Eli Fly流线型躺椅；日本设计师Setsu&Shinobu Ito设计的具有3个版本Sabi茶几，灵感来自日本传统精致盆景的Yori桌等。

美国迈阿密丨千号馆豪华公寓（ONE THOUSAND MUSEUM）丨意大利G.T.DESIGN地毯

意大利当代地毯生产商G.T.Design是迈阿密千号馆豪华公寓的独家合作伙伴之一，该公寓是由扎哈·哈迪德建筑师事务所设计的豪华住宅综合体。按尺寸制作的Fluid系列地毯位于一楼各个公共区域和空中休息室（Sky Lounge），波浪图案与伊拉克建筑师设计的有机的未来主义的室内装饰严丝合缝。两个样本公寓的纺织元素包括最畅销的粘胶纤维Kama系列；以纤维自然光泽为基础自带优雅的Lino系列；轻薄的竹垫Boom系列；天丝（Tencel）in Touch系列；由技术纤维手工制成的Passo Doppio系列。地毯不仅有银色、沙色和暗来的玫瑰红，还有突出家具的灰色和绿色，色调范围广泛。

荷兰DRIEBERGEN-ZEIST | TRIODOS银行
意大利THONET家具

Triodos银行新总部位于Driebergen-Zeist。这是一家专注金融道德的金融领域领导者,致力于可持续建筑和现代工作组织。这座建筑由RAU Architekten建筑师事务所和Ex Interiors建筑师事务所联袂完成。设计师选择了木材、玻璃和具有吸音性能的原帆布等材料,同时为办公室和公共空间配备100多把经典的Thonet钢管椅和带有编织藤条的天然色木椅。Marcel Breuer设计的标志性悬臂式S 64 V椅,著名的218型椅子,Stefan Diez设计的现代黑色404 H酒吧凳等一一呈现。

图片 © 亚历山大·范·伯格 (Alexander Van Berge)

德国多根 | SEDUS智能办公室 LUCEPLAN灯饰

德国品牌Sedus在多根的新总部启用的智能办公室是一种新的工作场所模式，特殊的空间安排和特定的照明解决方案不仅与建筑本身建立起对话联系，而且促进跨学科团队合作。技术照明的合作伙伴来自意大利品牌Luceplan。莫妮卡·阿玛尼（Monica Armani）设计的Silenzio系列吊灯采用一系列声学材料与高端外部织物黏合而成，设计复杂，形态简约，吸音效果优良。坚固的金属结构支撑着带有灰色质感的圆柱形织物，优雅大气。设计师莫妮卡·阿玛尼选择灰、橙、绿、蓝、米和淡紫等22种色调。内部形状独特的圆形和光线柔和地交织在一起，同时可以打断声波，创造出亲密舒适的环境。

ifdm.design

#RedesignDigital

发现新数字设计枢纽

每日新闻 | 发展趋势 | 人员 | 市场 | 工程与酒店

设计灵感
Design
Inspirations

国际知名签约品牌提供的创意产品

HUG系列 | 马特奥·涅阿缇（MATTEO NUNZIATI）| KREOO卫浴

Hug系列包括独立浴缸和水槽。大理石和木材的结合似乎传递穿着的灵魂：Bianco del Re，Calacata Carrara，Bianco Carrara，Grigio St. Marie，Pietra Gray，Travertine Silver，Nero Markina等石材的坚固和光泽结合了桉木或胡桃木的温暖和宁静。浴缸和水槽可以合并安置，赏心悦目，而水槽也可伸缩，方便大气。二者既是一个整体，也可以单独购置。

BREAK系列 | 恩佐·贝尔蒂（ENZO BERTI）| BROSS家具

Break系列包括椅子、扶手椅和凳子。椅背衬垫中间点缀着微妙的垂直缝合，非常富有装饰性。外壳由弯曲的胶合板制成，既可以作为椅背，也可以用织物或皮革进行装饰。Break底座或固定在轮子上，或带有中心立柱，覆有各式各样的金属或木质材料。

SUPERB ALL LIGHT灯具|马西莫·卡斯塔尼亚（MASSIMO CASTAGNA）| HENGE家具

Henge的艺术总监马西莫·卡斯塔尼亚设计的Superb All Light灯具呈现的是天花板上悬挂着的长长的流线型黄铜管锥体支架，同时灰色的玻璃纤维球体悬浮在半空中，存在的形式精辟又强烈。球体内部光柔化了散光器的圆度，赋予了月球般的半透明特质，彰显着Henge品牌一直引以为荣的精湛技艺。灯具可以制成不同的大小和高度并连接在一起，形成标志性的吊灯无缝浮动集群。该款灯具由手工抛光黄铜制成，可定制各种不同的尺寸。

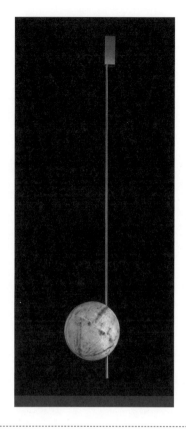

ERIKA系列 | ARAN CUCINE橱柜

作为ARAN Cucine系列最畅销的款式，Erika系列最近进行了重大改型，进而适应了趋势变化和市场需求。正因如此，Erika系列拥有了丰富的新元素，变幻为真正的系统性新品。模块化解决方案和超过41种饰面，不仅让客户拥有更多选择，也能够适应各种生活环境。

E-WALL | ANDREUCCI & HOISL DESIGN 设计工作室 | 施耐德洛（SNAIDERO）橱柜

E-Wall专为寻求个性化和功能性解决方案的客户而建，它功能繁多，由可以插入墙壁、工作台或厨房中岛的开放元素组成，进而实现多种个性化组合。E-Wall（人体工程学墙）可以与所有的施耐德洛橱柜模块相结合，为那些注重平衡和具体的人寻求实用但也富有个性化的解决方案。该系统具有Sistema S、Sistema M、Sistema L 3种不同的人体工程学版本，可以适应各种空间和审美以及功能需求。

R1 | 尤利塞·纳西西（ULISSE NARCISI）| RASTELLI橱柜

尤利塞·纳西西为Rastelli橱柜设计的厨房向来让人叹为观止：数不清的可能配置、娴熟的工艺以及精致、严谨但令人欢迎的设计，不仅多变而且可能成为独一无二的作品。由他所设计的R1具有超越时空的风格和原初的细节，同时和富有当代风格的特殊铜箔饰面、暖色瓷器以及整体的原木色浑然天成。巨大的中央岛坚固而严谨，门饰面的铜箔再现金属板的效果，工业风中杂糅着温暖的触感。E-wood Quercia小吃桌既增加工作空间，又可供早餐或小吃之用，舒适又不可或缺。

LYZ COLLECTION系列 | 马里奥·费拉里尼（MARIO FERRARINI）| POTOCCO家具

LYZ collection系列椅子轮廓分明、线条曲折、个性鲜明。不同的外观，新变化和新材料，活力十足。雪橇腿版本，包豪斯风格的金属管悬臂版本，标志性像雕塑立在金属圆锥底座上的版本，应用范围广泛。反复出现的木质框架设计是椅背和扶手的主要元素，彰显着公司的工艺传统和传承。

COORDINATES灯 | 麦克·阿纳斯塔西亚德斯（MICHAEL ANASTASSIADES）| FLOS灯具

Coordinates灯最初是为纽约颇富传奇色彩的四季餐厅设计的。这种采用一系列联锁的线性LED灯具的灵感源自笛卡尔网格的数学精度，被照亮并扩展为3个出色的尺寸。该系列配置众多，包括4个不同尺寸的悬挂式吊灯和3款吸顶灯，有两种长度可供选择，既适合标准天花板也适合高天花板。该系列还具有可重复使用的模块，非常适合合同项目中经常使用的大规模安装，无论是作为吊灯还是吸顶灯，都表现出色，令人印象深刻。Coordinates灯由挤压铝制成。阳极氧化香槟色饰面以及乳白色的铂金有机硅扩散片，精致又可爱。

PACHA系列 | 皮埃尔·波林（PIERRE PAULIN）| GUBI家具

Gubi家具在2018年再一次推出法国设计大师皮埃尔·波林1975年设计的Pacha系列躺椅。目前，该系列正在壮大。带扶手的Pacha躺椅、带2～5个座位的Pacha沙发和Pacha脚凳等新产品不断问世，此外还可以选择创建个性化的模块。以Pacha躺椅中心部分、仅带有右侧或左侧扶手的Pacha躺椅、搁脚凳和可选扶手等基本模块可以实现各种组合，进而如设计师最初设想的那样，适应不断变化的需求和环境。

FRAME BLADE系列| 卡洛·普雷索托（CARLO PRESOTTO），安德里亚·巴萨内罗（ANDREA BASSANELLO）| MODULNOVA家具

精致而现代的设计搭配铝、玻璃、木材和树脂等多元化材料使Frame Blade系列成为Modulnova家具的风向标。简约风格的清晰切割线框架似乎被一个定义并突出门轮廓的框架所"软化"，厚重中加入把手，看似凹陷进去。当代的细木护壁板，重现极简主义风格和更具表现力的细节。铝蜂窝门和其他标志性类似Frame Blade系列的装饰解决方案完美结合。结合空间设计的大型无底座或无把手落地门可用在生活区或厨房，超级优雅。"传统"的大体量造型已无影无踪，保证了和谐的风格连续性。

FRANCIS桌 | 朱塞佩·巴乌索（GIUSEPPE BAVUSO）RIMADESIO家具

新款Francis桌有矩形、圆形和方形3种形状。模块化高压压铸铝和桌面装饰严格保证了产品的耐久性和可靠性。八角形横拉杆和桌腿创意十足，技术精湛，延续了品牌特点。矩形版的边缘略圆，方形版桌面四周则都是圆形的。该款式具有透明玻璃、光面哑光漆玻璃、木材和大理石等不同尺寸和不同饰面。铝制结构有黑镍、抛光铝和38种颜色的Ecolorsystem专利系列，采用最新一代水性涂料生产，无公害又环保。

ICON | HAFRO卫浴研发

Hafro卫浴研发的Icon款是全新的管理系统，方便淋浴室内的所有动作。Icon Column 2按钮版本的设计优势在高度可调淋浴和内置恒温水龙头。其中一个按钮用于淋浴的开关，另一个按钮用于启动或关闭头顶淋浴。3按钮版本是三向淋浴柱，按钮分别控制手持式淋浴、头顶淋浴和瀑布功能。饰面包括粉色、镀铬、哑光黑色和钢饰面4种。

ANATRA MODULAR
帕奇希娅·奥奇拉
（PATRICIA URQUIOLA）
JANUS ET CIE家具

Anatra Modular系列采用柔软的编织材料包裹框架，设计复杂，工艺精湛，和谐自然。该系列共7种模块，可配置多种类型的沙发，功能强大。同时，坐垫的运用可以保证户外最大的舒适感。织带绳饰面既可以采用铂金或青色交叉编织的Cadet，也可以采用镍或青色交叉编织的Oxford。粉末铝涂层桌的桌面采用Textured Alabama Ceramic陶瓷或经典的Carrara Marble大理石，光滑而冷静。

AERO V 开放式衣柜 | SHIBULERU设计工作室 | LIVING DIVANI家具

Aero产品系列是Living Divani家具与Lukas Scherrer创立的瑞士设计工作室Shibuleru的合作结晶。该系列专注于轻巧和多功能性。产品图标的辨识度极高，在家居设施中极尽优雅，表现突出。作为Aero书架的衍生体，Aero V开放式衣柜以优雅以及水平和垂直元素的巧妙组合吸引人们的眼球（这对于配饰来说同样适用）。该产品的减法设计简约又精确，标准又实用，是酒店迎宾区和等候区的理想选择。

MATIC系列 | 皮耶罗·利索尼（PIERO LISSONI）| KNOLL家具

该系列样式丰富，有模块化设计产品，也有线性设计产品。不同深度的真皮座椅或织物座椅，引人注目。长椅和半岛终端单元等由多个模块组成。均匀大小的方形软垫、细腻的T形接缝、特有的可以自由转动调节的弯曲靠背，舒适度极强，让放松、阅读、交谈成为乐事。作为设计主要美学特征的正面轮廓能够适应各种环境，亮光或木炭漆铝合金表面，炫目抢眼。有织物或皮革座椅可供选择。脚部采用铝合金融合材料，亮饰面或炭黑饰面，框架结构布局严谨。

Photo © Federico Cedrone

UNO SHADE | CIARMOLI QUEDA 工作室| UNO CONTRACT家具

UNO Shade有两种型号，分别是Shell和Spider，虽然其材质和设计不同，但二者均保持了强大的功能，美观大方。Shell的材质是绿柄桑，结合Delimita®织物的高束带，由弯曲的可以连接在一起的模块组成，形成或大或小的结构。Spider采用轻质阳极氧化铝和Delimita®织物结构，非常适合海边和游泳池使用。

DISTORSION 系列 | 马克·皮瓦（MARCO PIVA）| ILLULIAN地毯

该地毯属于Imaginary Space系列的限量版（Limited Edition），材料为手工编织的喜马拉雅羊毛、真丝、植物颜料。轻薄纤维编织精巧，经工匠之手后变得牢固耐用。羊毛和丝绸的色彩交织，改变了人们对所熟悉的空间的感知。变化和蜕变使地毯更加适应室内设计最现代的审美需求。

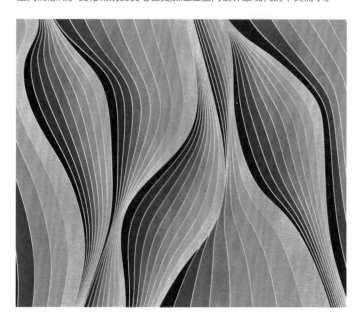

JEKO 01 | 保拉·娜沃尼（PAOLA NAVONE）| GERVASONI 家具

意大利设计教母保拉·娜沃尼设计的Jeko 01是生态柚木结构的长椅，材料取自爪哇岛监管机构授权拆除的柚木横梁和部件。经过切割测量，并使用回收木材进行组装和抛光修复，恢复原有的纹理。抛光通过麻布和木屑手工完成。坐垫和两个椅垫用聚氨酯填充。聚酯覆盖物经过特殊的防水处理，采用热焊接丝带缝合，确保了填充物的防水性能。

MEGHAN | CARLESI TONELLI STUDIO 工作室 | RIFLESSI家具

Meghan的轮廓保持着极强的连续性，从下部最小的木质或涂层金属结构一直到弯曲形状的座椅，都确保最大的舒适性。这也得益于坐垫的存在。座椅罩的织物种类众多，包括新的Ischia和Tailor版本，性能卓越，而底座包括黄铜、钛和钢等不同饰面。

MATRIX CENTRAL TABLE 桌 | GIANFRANCO FERRÉ HOME设计团队 | GIANFRANCO FERRÉ HOME

桌子轻巧而基础的现代设计，不同的高度和尺寸，仿佛复杂的几何元素结合体。镀铬暗灰饰面，映衬着钢结构的都市气息，而可移动木桌面具有不同的饰面，鳄鱼皮效果的印花皮革就是其中的杰出代表。

METRICA | STUDIO HABITS 工作室 | MARTINELLI LUCE灯饰

Metrica灯饰的LED光源隐藏在构成底座的支架内，通过将其从轮廓中提取出来打开，强度不断增加，直到亮度达到最大。向内推，亮度变暗，并渐变为零。Metrica有落地灯、桌灯和壁灯3种版本。

TIN | 克里斯托夫·德尔考特（CHRISTOPHE DELCOURT）

Tin边桌隶属于"Give Me Shelter"系列，由设计师克里斯托夫·德尔考特设计，手工制作，多样和谐。折衷的材料，不拘一格的体积和形式，饱和又虚空的区域，营造出一种并非刻意要整齐划一的整体，把重点放在重建亲密关系上。该版本采用灰色橡木和纯黑大理石制成。

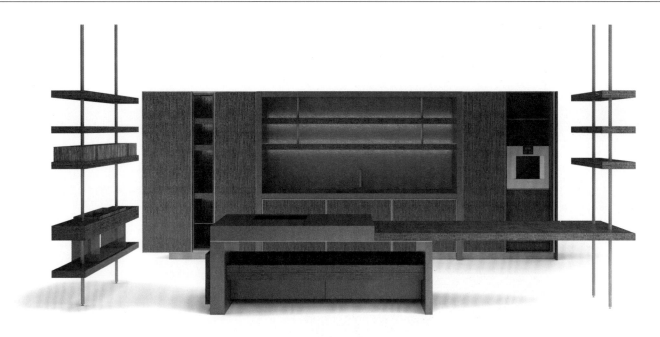

PALCO | 尼古拉·加利齐亚（NICOLA GALLIZIA） | TM ITALIA橱柜

女设计师尼古拉·加利齐亚设计的Palco橱柜专为流动的多功能空间设计，工作区、餐饮区和生活区之间的相互连接有趣而和谐。该系列由独立的功能模块构成。底座和立柱可以随意与独立元素组合，在每个构图中创造出和谐的活力。带有金属框架的滑动或铰链门，供人之选。内嵌式炉灶、无线充电器和照明控制采用图形符号表示，精巧而不突兀。橱柜表面无缝，美观，又易于打扫。

ROMBY椅 | GAMFRATESI工作室 | PORRO家具

几何诱惑和复古外观赋予新Romby椅抽象的魅力。截短的圆锥形底座为天然或黑色白蜡实木，运用精致的橱柜制作工艺打磨成喇叭形，与上面覆盖Porro家具精选皮革面料的柔软、紧凑、有衬垫的旋转座椅连接。Romby茧状扶手椅的尺寸和做工无可挑剔，拥抱身体的同时又允许身体自由活动，轻盈自如，是餐厅或工作环境的舒适之选。

RIA | 阿尔伯托·利沃尔（ALBERTO LIEVORE） | FAST家具

Ria是Fast家具座椅大家庭的一款新产品。其特点是封装式、轻便、可堆叠，能够满足不同环境和不同季节对户外生活的需求，具有充足的实用性和舒适性。该版本由压铸铝制成，并配有织物或环保皮革制成的靠垫，共有14种色彩，十分耐用，既适合住宅单用，也适合批量使用。

WINE CAVE | SIGNATURE KITCHEN SUITE厨电

精心定制的Wine Cave模仿历史上洞穴式葡萄酒窖的理想环境，专有的设计方法一方面减少震动，同时又在最大程度上减少温度的变化，限制光线的射入并锁定湿度。设计精心体贴，完全从业主的角度出发。Wi-Fi监控保证收藏的葡萄酒储存在预设的存储参数范围内；通过轻敲门或使用移动应用程序可激活LED灯，实现触摸显示屏照明；独立的温度区可将温度设置在5～18℃之间；深色三窗格玻璃，可防止紫外线的破坏。Signature Kitchen Suite的另一个创新是推出了真正的侍酒师（True Sommelier）应用程序。这是第一款通过Wine Ring的专利了解消费者偏好和推荐葡萄酒的软件。

CASILDA DAYBED沙发床 | 拉蒙·埃斯特夫（RAMON ESTEVE）TALENTI户外家具

作为Casilda系列的一员，该沙发床虽然占地很大，但又极其轻便。轻巧的Casilda金属框架凉棚，与大尺寸垫子形成鲜明对比。柔软的窗帘和上部可滑动遮阳篷不仅保护内部空间，而且创造出轻松的氛围，让人尽情享受户外空间。

BIO-MBO | 帕奇希娅·奥奇拉（PATRICIA URQUIOLA）CASSINA家具

Bio-mbo床仿佛卧室内的小天堂，独立的内部空间重塑了亲密的概念。独特的软垫床头板和可选的活动侧翼，创造出小小的独立空间，让人远离俗世的烦恼。带侧翼的水平绗缝床头板设计有皮革带口袋，舒适又方便。床头板的外部也有绗缝，这样就可以将床摆放在房间中央。织物覆盖的床架安装有零排放的空气消毒系统，可以有效减少空气中的污染物，同时在软垫床头板安装了环保并可回收的吸声板。

IFDM
室内家具设计

业内信息 Business Concierge

这里是我们为建筑工作室、室内设计师、工程承包商、家具设计师、买家、生产商等提供的一项创新服务。

凭借在酒店室内装饰装修领域的多年经验，我们与全球业内人士建立了广泛的联系，占领了战略性的市场地位。面向渴望涉足这个领域，希望获取更多合作机会的专业人士，我们将为您提供最珍贵的业内信息。

我们提供的服务包括：目标市场识别、咨询、会议组织、**B2B**提案（企业对企业的电子商务），我们的目的是为各方实现商业互利的目标。

concierge@ifdm.it | ph. +39 O362 551455

ifdm.design

即将推出项目
Next

即将推出的全球项目预览

黑山 | JANU公寓度假村（JANU RESORT AND RESIDENCES）| 安缦（AMAN）度假村和豪华酒店

历经两年时间的研发，安缦推出嫡系姊妹品牌 Janu。Aman在梵语中是"和平"的同义词，Janu则 代表"灵魂"和连通性，为大脑和心脏提供平衡的环境。Janu公寓度假村将陆续在黑山（2022年）、沙 特阿拉伯乌拉市（Al Ula）（2022年）和日本东京 （2022年）与世人见面，未来的发展极其强势。黑山 Janu公寓度假村将是第一家融入品牌服务式住宅理念 的酒店。大型客房将为客人提供精致的宁静天堂，所 有客房均配有精美的家具和宽敞的浴室，餐厅、休息 室和酒吧区域结合在一起的社区空间则是不断发展和 动态的。齐全的健康设施将提供尖端的体验和治疗， 新型设备和广泛的水力热力设施，让客人的身心不断 达到平衡。

美国北卡罗来纳州夏洛特县 | 夏洛特梅克伦堡图书馆（CHARLOTTE MECKLENBURG LIBRARY）
SNØHETTA建筑师事务所，CLARK NEXSEN建筑师事务所

全新的夏洛特梅克伦堡图书馆总面积达10,684平方米，由20个分馆组成。作为公共图书馆系统，每年的接待能力可达340万人次。主图书馆焕然一新，在夏洛特的过往、当前和快速发展的未来之间建立起一座桥梁，让人们重新认识到图书馆与人以及人的日常生活之间的紧密联系。建筑内部空间的灵活性和活动的多样性确保图书馆可以满足当代夏洛特梅克伦堡不断变化的需求。整个规划包括地上5层和地下1层、2个室外露台、1个宽敞的活动大厅、1个供应商经营的咖啡厅、先进的技术能力（包括2个沉浸式剧院）、遍布整个建筑的藏品、灵活的会议空间和房间、1个改造过的Robinson-Spangler Carolina展馆等。图书馆将于2021年初破土动工，计划于2024年初竣工开放。

效果图: © Snøhetta

葡萄牙阿尔加维（ALGARVE）海岸 | 阿尔加维W酒店和公寓
奥必概念（AB CONCEPT）

在葡萄牙阿尔加维海岸，全新的阿尔加维W酒店和公寓正在如
火如荼地建设中，项目的室内设计由来自中国香港的奥必概念
完成。该项目共包括124间酒店客房、12套酒店住宅和83套私
人住宅，将于2021年春季竣工。项目地点位于海岸最南端以
海滩和当地工艺品闻名的区域，设计师们以此为灵感，坚持采
用当地的石材，并开展与葡萄牙工艺工作室合作，为酒店创作
钩针、马赛克、陶器和瓷器等。奥必概念的联合创始人伍仲匡
（Ed Ng）表示："每次设计W酒店时，我们都力求融入当
地文化，并通过设计进行诠释，从而保持品牌的一致性。阿尔
加维对我来说，意味着无瑕的蓝天、甜美的海风和雕塑般的海
景。大自然赋予的东西如此之多，这对我们对这个地方的愿景
以及当地文化至关重要。"

阿姆斯特丹 | TRIPOLIS公园 | MVRDV建筑师事务所，混凝土，流量开发

1994年竣工的Tripolis综合体坐落在范·艾克（Van Eyck）完成于1960年的杰作——阿姆斯特丹儿童福利院（Amsterdam Orphanage）的正南方。综合体的3座建筑是以沿中央楼梯井向外辐射的办公空间集群，而以木材与花岗岩组成的独特立面和色彩丰富的窗框闻名遐迩。MVRDV建筑师事务所的设计为Tripolis综合体的办公环境注入了商业活力，同时也是对范·艾克独特设计品质的尊崇和赞美。扩建包括旧建筑的翻新、一个新公园和一个新的11层高、31,500平方米的"穴状"办公大楼，其形状与该地块的南部边界形状一致。新建筑在与旧建筑的交会处呈穴状凹陷，其网格结构与范·艾克办公楼复杂的几何形状相得益彰。在新旧建筑之间有一条内部公共通道。玻璃墙、细长的廊桥和楼梯黏合了新老建筑间的缝隙，将综合体连接成统一整体，同时体现出对现有建筑的尊重。

效果图：© MVRDV

英国布里斯托 | SOAPWORKS | 伍兹·贝格（WOODS BAGOT）建筑师事务所

Soapworks项目涵盖办公空间、住宅以及遗产建筑改造成的餐厅。这个新兴开发项目位于英格兰西南部布里斯托，由澳大利亚伍兹·贝格建筑师事务所和伦敦开发商First Base合作策划。项目位于布里斯托市中心边缘，将打造成一个现代工作空间混合体，包括现代住宅、独立的酒店、时尚的咖啡馆和餐厅。项目与布里斯托市议会密切合作，有望振兴该地区。充满活力的新区将为当地居民创造急需的新型住宅，提供就业机会并创造公共空间。项目具有地标意义，占地9105平方米，建筑面积15,329平方米。

塞浦路斯 | LIMASSOL DEL MAR CYPEIR PROPERTIES地产公司 英国贝诺（BENOY）建筑师事务所，塞浦路斯UDS ARCHITECTS建筑师事务所设计师安东尼亚德斯（ANTONIADES）和埃莱夫特里乌（ELEFTHERIOU）

项目位于塞浦路斯南部利马索尔海岸，公寓位置优越，海景一览无余。这座地标性建筑群包括豪华住宅、五星级设施和礼宾服务以及高端商店和餐厅。项目设计由英国贝诺建筑师事务所和当地的UDS Architects建筑师事务所共同完成。周围宁静的花园和华丽的游泳池创造出田园诗般的景致，尽显古老的城市魅力，又展国际化都市风范。珍宝集团（Jumbo Group）旗下Gianfranco Ferré Home系列将与开发商联手，共同开发一系列两到六居室的签名系列豪华公寓和顶层公寓。精美的露台是产品的特色，而且在不同楼层的公寓中，可享有利马索尔海岸线甚至更远地区的双视角全景，美不胜收。

中国新酒店：
后新冠病毒期的美好前景

在 中国，新酒店的设计和建设尽管还未达到疫情之前那种紧锣密鼓的程度，但投资仍在继续增长。对于那些动辄对年增长率超过30%也司空见惯的人而言，经济放缓是显而易见的。然而，新冠病毒的流行虽然造成很大的困难，但却并没有完全扼杀设计建筑业的活力。自4月中国政府开始很好地控制病毒传播伊始到9月份，中国共有1337个在建工程，增长率略高于6%。未来几个月，如果中国疫情基本结束，世人将会见证很有意思的一面，因为彼时可能重新点燃争夺酒店建设国际领导权的斗争。虽然这一主导权目前由美国（在建项目总计1856个）把持，但美国的问题是新冠疫情仍在继续急剧蔓延。有关中国重要的大城市报告说明，项目数量与4月份相比均略有增加：成都从60个增加到66个，上海从52个增加到53个，杭州从36个增加到45个，而在建项目最多的大都市是南京，总计48个。与4月相比，可能是疫情的原因，武汉的新投资相对匮乏。但是目前，武汉仍有30个在建项目，而中国首都北京的项目没有变化，仍然是29个。新项目在各省的分布相当广泛而且稳定。投资最大的省份仍然是广东，总计有144个项目，增长最快的则是江苏省，项目建设达到113个，而浙江省则有100个项目。最大的项目是香港的Regala Skycity Hotel，酒店共有1229间客房，目前正在紧张建设之中，并将于2021年中期开业。湛江吴川鼎龙湾凯悦酒店共有1000间客房，将于2023年6月开业，而共有1000间客房正在建设中的上海梦帝国度假村将于2022年6月盛装开业。

顶级连锁酒店

万豪国际集团
正在进行的酒店项目：
全球在建项目：2749
中国在建项目：413

希尔顿国际酒店集团
正在进行的酒店项目：
全球在建项目：2054
中国在建项目：230

洲际酒店集团
正在进行的酒店项目：
全球在建项目：1191
中国在建项目：211

雅高酒店集团
正在进行的酒店项目：
全球在建项目：1189
中国在建项目：176

凯悦酒店集团
正在进行的酒店项目：
全球在建项目：713
中国在建项目：145

信息来源:
TopHotelProjects.com

正在进行的顶级酒店建筑项目

NEW 1,337 IN **CHINA**

项目阶段	位于顶级城市的建筑项目	位于顶级省份的建筑项目
意向中 11	成都 66	广东 144
预规划 83	上海 53	江苏 113
规划中 329	南京 48	浙江 100
在建中 821	杭州 45	四川 97
预开放 58	西安 37	海南 59
已开放 35	重庆 37	山东 57
项目阶段	深圳 33	云南 56
至2021年 578	广州 32	河南 43
	三亚 31	湖南 43
	武汉 30	福建 41

中国三大顶尖项目

中国香港
REGALA SKYCITY HOTEL
项目阶段: 建设中
房间: 1229
开业日期: 2021年第2季度

湛江吴川鼎龙湾凯悦酒店
项目阶段: 预规划
房间: 1000
开业日期: 2023年

上海梦帝国度假村
项目阶段: 在建中
房间: 1000
开业日期: 2022年第2季度